# 矿井复杂环境目标检测跟踪关键技术

厉 丹 著

中国矿业大学出版社
· 徐州 ·

**图书在版编目(CIP)数据**

矿井复杂环境目标检测跟踪关键技术 / 厉丹著. —
徐州 ：中国矿业大学出版社，2020.12

ISBN 978 - 7 - 5646 - 4875 - 6

Ⅰ. ①矿… Ⅱ. ①厉… Ⅲ. ①矿井—矿山环境—实时
检测—目标跟踪 Ⅳ. ①X322

中国版本图书馆 CIP 数据核字(2020)第 243061 号

**书　　名** 矿井复杂环境目标检测跟踪关键技术

**著　　者** 厉　丹

**责任编辑** 仓小金

**出版发行** 中国矿业大学出版社有限责任公司
（江苏省徐州市解放南路　邮编 221008）

**营销热线** (0516)83884103　83885105

**出版服务** (0516)83995789　83884920

**网　　址** http://www.cumtp.com　**E-mail**:cumtpvip@cumtp.com

**印　　刷** 江苏凤凰数码印务有限公司

**开　　本** 787 mm×960 mm　1/16　**印张** 10.5　**字数** 206 千字

**版次印次** 2020 年 12 月第 1 版　2020 年 12 月第 1 次印刷

**定　　价** 38.00 元

# 前　言

我国是煤炭资源生产大国，随着开采规模不断扩大，冒顶、人员违规、错误操作造成的安全事故时有发生，严重影响煤矿的安全生产。远程视频监控系统是矿井安全生产系统的一个重要的组成部分，针对煤矿井下作业远离地面、环境恶劣、地形复杂的情况，地面监控人员可以对井下实时监控，直观监视现场的生产情况，及时发现安全隐患，防患于未然，同时能为事故后期分析提供第一手资料。目前井下视频监控主要依靠人工监控，操作人员日夜值守，工作量极其繁重，长期劳作难免疲倦和懈怠，难以达到对系统操作的实时性和准确性。现阶段热点研究的智能视觉监控技术可以最大限度减少人工干预，减轻了工人负担，提高监控效率。然而受井下环境背景复杂多变、噪声大、粉尘多、照度不均、分辨率低等因素的影响，易导致目标分辨性不强。若将现有检测算法直接应用于井下，效果并不理想。

本书主要针对煤矿复杂环境视频序列展开目标检测方法的研究，通过对危险区域目标进行准确实时的检测、跟踪，对不正常现象及时报警，通过后续联动措施排除安全隐患，能最大限度地遏制安全事故的发生，实现事故的预防与控制，从而降低矿井的事故率和死亡率，并尽可能减少对人工的依赖，降低人力、物力和财力的投入，促进煤矿安全生产稳定好转。

本书可作为高等院校安全工程类及计算机等相关专业研究生和本科生的教学参考书，也可供从事相关领域科研、设计及工程技术人员参考使用。

# 目　录

**1　绪论** ………………………………………………………… 1

1.1　研究背景及意义 ………………………………………… 1

1.2　研究发展和现状 ………………………………………… 3

1.3　研究方法综述 …………………………………………… 6

1.4　本书研究内容 …………………………………………… 13

1.5　本书组织结构 …………………………………………… 14

**2　目标局部特征提取** ………………………………………… 16

2.1　特征检测 ………………………………………………… 17

2.2　图像去噪 ………………………………………………… 24

2.3　特征搜索及精确匹配 …………………………………… 31

2.4　复杂环境快速匹配 ……………………………………… 38

2.5　本章小结 ………………………………………………… 56

**3　煤矿复杂环境视频拼接** …………………………………… 57

3.1　匹配预处理 ……………………………………………… 58

3.2　相位相关粗匹配 ………………………………………… 59

3.3　自动排序 ………………………………………………… 63

3.4　拼接 ……………………………………………………… 64

3.5　无缝拼接 ………………………………………………… 69

3.6　实验分析 ………………………………………………… 74

3.7　本章小结 ………………………………………………… 78

**4 基于轮廓模型的目标检测** …… 79
4.1 Snake参数活动轮廓模型 …… 80
4.2 基于变分水平集的目标检测 …… 86
4.3 融合多种群粒子群算法的Snake模型 …… 98
4.4 本章小结 …… 113

**5 基于Camshift复杂环境目标跟踪** …… 115
5.1 Meanshift算法 …… 116
5.2 Camshift跟踪算法 …… 124
5.3 纹理模型 …… 125
5.4 多特征模板建立及更新 …… 130
5.5 抗遮挡模型 …… 140
5.6 本章小结 …… 146

**6 结论** …… 147
6.1 本书研究成果 …… 147
6.2 今后的工作 …… 148

**参考文献** …… 150

# 1 绪　论

## 1.1 研究背景及意义

### 1.1.1 研究背景

本书主要进行煤矿环境中运动目标检测及相关问题的研究，结合煤矿环境的应用需求和当前计算机视觉监控中的热点技术，有较强的实用价值和前瞻性。人们常说“百闻不如一见”，在人类从自然界获取的信息中，视觉信息占约60%，听觉信息占约20%，其他方式获取的信息占约20%。因此，长久以来，计算机视觉一直是人们研究的热点问题，它是研究使用计算机智能认知周围物体的一门科学。随着计算机存储容量和处理能力的迅速增强以及网络技术的发展和图像处理技术的不断进步，视频监控技术正向智能化、数字化、网络化的方向发展。企业为了提高自身在全球经济一体化形势下的竞争力，也纷纷通过远程视频监控系统随时观察各机构、各部门的工作生产情况。我国监控技术起步较晚，但近年来，随着人民生活水平的提高和经济的飞速发展，安全监控成了当今管理的重要方式之一，从过去的“人防”向“技防”方向转变。

目前，将计算机视觉技术引入视频监控中产生的智能视频监控技术在军事、交通、银行、电力等公共安全领域中的应用越来越多。如购物场所的监控系统可以收集消费人口的数量信息；交通视频监控系统可以监控车速、流量、拥挤情况；军事视频监控可以监视和跟踪飞机、舰艇、导弹等运动目标；此外，监控系统在图像压缩、三维重构、视频检索、医学诊断等领域都起到重要的作用。因此,视频监控系统代表着监控行业未来的发展方向,符合信息产业发展趋势,蕴含了潜在的经济效益和商机,由此广泛受到管理部门、学术界等高度重视。

我国是煤炭资源生产大国,随着开采规模不断扩大,冒顶、人员违规、错误操作造成的安全事故时有发生,严重影响煤矿的安全生产。现阶段煤矿安全监控系统不完善是造成煤矿安全事故频发的重要原因之一。为了预防和控制煤矿事故发生,需要在加强管理的同时,合理运用科技有效开展监控工作。随着煤矿产能的不断扩大,生产技术水平和管理水平的不断提高,对煤矿安全生产提出了更高的要求,且矿井开采的综合自动化与管理信息化正成为发展的必然趋势。因此,开发以宽带、快速、可靠、易扩展、实时等性能为特点的新型多主并发体系架构的煤矿安全监控系统十分必要。

远程视频监控系统是矿井安全生产系统的一个重要的组成部分,和井上环境相比,井下作业远离地面,巷道交错,地形复杂,环境恶劣。地面监控人员可以利用远程视频监控系统对井下实时监控,直观监视现场的生产情况,及时发现安全隐患,防患于未然,同时能为事故后期分析提供第一手资料。

由于部分工人对矿井安全意识不够强,加上设备重地、有害气体超标区、巷道等危险区域警示效果不明显,因此需要进一步通过视频监控系统加大监管力度。目前井下视频监控主要依靠人工监控,工人日夜值守,不间断监视并分析井下不同位置场景内的活动,工作量极其繁重。由于人的生理特点,难免会疲倦和懈怠,难以达到实时、准确、主动的要求,再加上监控视频所处复杂环境因素的影响,易导致目标分辨性不强,从而影响判断。

### 1.1.2 研究意义

目标检测的效果受所处环境的复杂和稳定程度的影响。在煤矿中,背景往往复杂多变、目标和背景特征相似、目标遮挡、阴影存在、噪声大、粉尘多、照度不均、分辨率低等因素给目标准确检测带来了困难。智能视频监控可以在无人工干涉的条件下，通过计算机视觉方法来自动分析摄像机拍摄的序列视频图像，实现场景中目标定位、识别及跟踪，并基于此进一步分析判断目标行为，在完成日常监控管理的同时对异常突发事件做出及时反应，最大限度减少人工干预，减轻了工人工作负担，提高监控效率。本书主要针对煤矿复杂环境视频序列展开目标检测方法的研究，通过对危险区域目标进行准确实时的检测、跟踪，对不正常现象及时报警，通过后续联动措施排除安全隐患，遏制安全事故发生，实现事故的预防与控制，从而降低矿井的事故率和死亡率，并尽可能减少对人工的依赖，降低人力、物力和财力的投入，促进煤矿安全生产稳定好转。

## 1.2 研究发展和现状

随着现代工业自动化程度不断提高，各种算法和超大规模、超高速集成电路技术飞速发展，推动了学术和工程界对计算机视觉系统研究的投入，人类对计算机视觉系统的认识也不断深入。智能视频技术利用计算机快速数据处理的能力对图像序列数据进行高速分析，同时对用户不关心的信息进行过滤，涉及了运动目标检测、分类、跟踪和行为分析等许多热点课题，应用前景广阔，引起了科研人员的浓厚兴趣。在 Marr 的理论中，视觉过程分为早期、中期和后期阶段。对应三阶段产生了三个层次的研究内容：

① 低层次视觉：通过图像亮度变化位置和几何分布、组织结构描述二维图像重要信息。

② 中间层次视觉：以观察者所在位置为中心建立坐标系，表示图像可见表面的深度、方向和轮廓信息。

③ 高层次视觉：以物体所在位置为中心建立坐标系，对物体形状和空

间的组织形式用体积基元及面积基元组成的模块多层次表示。

智能视频监控的提出彻底改变了传统视频监控中基于人工的监控画面监视和内容分析模式，在一定程度上为视频监控提供了更加广阔的前景和发展空间。由于智能视频监控具有极高的经济价值和社会效益，引起了广泛的关注。

在对智能视觉监控研究过程中，研究者紧紧围绕如何从底层视频数据得到高层语义展开理解，涉及计算机视觉底层到高层过渡过程中很多基本问题。完整的监控系统需要四个主要功能：

① 目标检测：搜索图像中感兴趣的区域，是视频监控的前提，属底层视觉；

② 目标跟踪：对感兴趣的区域进行跟踪，得到运动轨迹；

③ 目标分类：根据检测出的目标种类的不同分成不同类别的物体，通常和目标检测同时进行，与目标跟踪同属中等层次视觉问题；

④ 行为理解：对群体的或单独的目标进行行为分析是高层次的视觉问题，作为视频监控的最终目标，目前处于初级研究阶段。

本书主要研究的是对原始图像进行处理，属中低层次视觉，包含了特征提取、图像变换、图像分割、运动检测和跟踪等。基层的视觉处理的效果好坏决定了高层视觉处理的有效性和准确性，因此对视频序列图像基层视觉的研究有着深远的意义。

现阶段，国际上一些重要的学术会议和期刊都把智能视频监控作为主要研究领域。如 ICCV（国际计算机视觉会议）、CVPR（计算机视觉与模式识别）、CSVT（电路系统视频技术）、PAMI（模式识别与机器智能）等，研究者每年都在计算机视觉方面发表数以千计的论文。斯坦福大学、麻省理工学院、卡内基梅隆大学、加州理工学院等的研究人员，侧重于在应用中研究理论。美国萨尔诺夫公司和卡内基梅隆大学联合开发了 VSAM 视频监控系统，该系统运用多传感器、视频理解等技术，通过操作自动监视城市等复杂场景；IBM 公司和马里兰州大学研制了 $W^4$ 监控系统，将形状信息结合目标跟踪，用于室外环境检测、人群行为的跟踪。美国国防高级研究项目署资助的HID计划为了增强国防和公共场所的保护能力实现了远距离人体检测和识别。法国INRIA和雷丁大学等研究机构研发的机场智能监控系统AVITRAC解决了对机场进行目标跟踪和行为监控及报警的问题。例如德国的Robert Bosch有限公司研发的IVA4.0智能视频监控系统能够实现对监控区域内运动物体的检测、跟踪和分析，同时保持较高的准确性。

随着我国"平安城市"和"智慧城市"的建设热潮，智能视觉监控技术得到快速发展，新技术、新方法、新应用层出不穷。

2016年10月，我国自动化所智能感知与计算研究中心主办第四届全国智能视觉监控学术会议。

2017年10月，中国计算机视觉大会（CCCV 2017）在天津召开，会议由中国计算机学会（CCF）主办，CCF计算机视觉专业委员会和中国民航大学承办，围绕"行人再识别研究进展""计算机视觉中的基于学习的偏微分方程""基于图像的大规模场景三维重建""距离度量学习及其在计算机视觉中的应用"四个计算机视觉前沿问题进行讲习和讨论。

2019年11月，由中国计算机学会主办，CCF计算机视觉专委会、西北工业大学承办的计算机视觉研究与应用创新论坛（RACV2019）在西安举办。

2020年8月，计算机视觉与信息技术国际会议（CVIT 2020）在北京开展，会议主题包括计算机视觉和图像处理、机器学习和模式识别、信息理论与信息处理等方向。同年10月，由中国计算机学会、中国自动化学会、中国人工智能学会、中国图像图形学学会主办的中国模式识别与计算机视觉大会（PRCV2020）在南京顺利举办。国内很多优秀杂志也发表了在智能监控领域的研究成果，如《软件学报》《控制与决策》《计算机学报》和《通信学报》等。

国内外很多大学和科研机构都设立了研究组或者研究实验室，在视觉研究领域都有突出的贡献，如国内如华中科技大学的图像识别与人工智能研究所、西安交通大学图像处理与识别研究所、清华大学图形研究所、上海交通大学图像处理与模式识别研究所、中国科学院自动化研究所等都积极开展了基于智能视频监控的关键技术的研究工作。中国科学院率先设计并实现了拥有自主知识产权的交通视频监控系统，同时各大高校都在此方面投入了大量的人力物力进行相关科研领域的研究。海康威视公司研发的智能网络硬盘录像机能够实现异常事件自动联动报警处理，提高了对突发事件的应对能力，国内汉王公司和以色列 Mate 公司合作，推出了可以检测徘徊、遗留、越界、定向运动等目标的嵌入式视频检测产品。

## 1.3 研究方法综述

### 1.3.1 特征提取

图像特征提取是指从原始图像中提取描绘特征，是图像处理中重要的操作。需要具备以下特点：计算简单，便于识别；特征直观，符合视觉特性；具备缩放、平移和旋转不变性；可以较好地区分不同的图像内容。

(1) 角点特征

角点是指图像边缘曲率极大值或亮度变化明显的点。利用角点提供的信息可以进行可靠的图像匹配，提高计算的实时性。近几年，角点检测的方法一般基于灰度图像，包括基于几何特征的角点检测和基于模板的角点检测。前者通过像素微分几何性质检测角点，如基于曲率的角点检测算法，当图像高斯滤波卷积后计算的曲率高于阈值时，候选点即为局部最大值点。Moravec 算法认为任何通过角点的直线上灰度变化都很大，算法由于仅考虑四个方向，各向异性，导致抗噪能力弱，误差较大。SUNSAN 算法由牛津大学 Smith 和 Brady 提出，对处理低层图像定位准确，计算简单。Harris 角点通过二阶矩阵描述图像邻域梯度分布情况，只用到一阶差分，计算简单，纹理丰富区域角点较多，通过阈值可以调整角点个数，但应用时不易控制高斯窗口大小，对尺度变化较敏感。由于角点检测算子描述信息较为单一，特征点只集中在某些区域，缺乏形状信息，并且对光照、大尺度、大视角、噪声环境敏感，因此目前研究的重点放在区域检测子上。

（2）区域特征

D. Lowe 通过 DoG 高斯差分金字塔提取尺度不变特征，提出抗变形的尺度不变局部特征描述子，具有较好的稳定性。用于检测和描述特征的 SIFT 描述子对尺度和旋转有较好的不变性，可用于图像配准和目标识别，但 SIFT 算子需要 128 维描述特征点，这增加了计算量。有学者通过消除旋转归一化方法减少复杂度，但这一方法对基于全景的视觉并不可行。Hashem Tamimia 等通过减少特征点降低算法复杂度。IBR 算子基于灰度极值检测图像同质区域，具有仿射不变性，改进算法通过灰度指数变换，不依赖图像边缘和角点，提取信息更加准确，但抗光照变化能力较差。SR 检测子基于亮度概率密度，通过描述子熵值定义的特征区域具有抗缩放能力，可用于图像检索，数字水印等领域。

（3）边缘特征

边缘是指像素周围产生屋顶或阶跃性变化的像素集合，包括阶梯型边缘、屋顶型边缘和线性边缘。边缘检测方法很多，如 Roberts 算子、Sobel 算子、Prewitt 算子等，算子可通过梯度最大值检测边缘，利用多尺度小波检测边缘，利用二阶零交叉点统计像素是边缘的概率检测边缘，利用积分变换检测边缘等。

（4）纹理特征

纹理特征是指图像中重复出现的局部区域模式及排列规则，有较好的抗光照变化特性，纹理特性主要包括规律性、对比度、粗糙度和方向性。对纹理图像的研究主要包括结构研究和统计研究，可以采用傅立叶变换、共生矩阵分析方法或自相关函数分析方法。灰度共生矩阵描述了图像灰度的变化幅度、方向等信息，是常用的分析纹理的方法。傅立叶变换后的图像可以根据功率谱矩阵作为纹理特征，并在此基础上提取二次特征以判断纹理方向、粗细以及综合特征。

（5）颜色特征

颜色特征主要受目标表面反射力和光照能量分布的影响。RGB是用于描述颜色信息的常用模式，但其空间结构不适合人们对于颜色相似性进行主观判断。Lab，Luv，HSV颜色模型可以通过RGB进行转换，具有一致性特点。描述颜色常采用颜色特征直方图统计像素在各个量化区间的分布情况，其计算简便，容易统计，且对旋转缩放有一定的适应性。

对于被检测的目标，特征选取对后续的目标跟踪性能的影响非常重要，颜色特征是目前最为广泛应用的特征，但通常情况下选择哪种特征描述目标取决于其应用的目的。例如运动目标和背景相似的煤矿环境，易受光照影响的RGB模型就不利于目标的检测。特征在选取时应注意以下特点：

① 目标不同，目标和背景特征值的差异应该较明显；

② 同类目标的特征值应该接近；

③ 相同目标的各个特征应该互补相关，如果相关性高则进行合并；

④ 特征数量不宜多，因为特征量增加的同时，计算复杂度也会相应增加，高维特征可映射到低维空间处理。

### 1.3.2 运动目标检测

通过对场景中运动目标的检测，可以将检测出的运动区域用于后续的目标跟踪及行为分析中。场景中通常包含多个目标，如何从图像中检测关注的目标根据需要进行处理是计算机视觉的基础。目标的检测可以从静态图像或动态序列图像上通过目标特征进行，静态图像主要通过图像分割和模板匹配实现目标检测。基于图像分割的方法，是指利用纹理、灰度等特征实现背景目标分离；基于模板匹配方法通过场景中目标和模板的相似程度检测目标。对于动态图像序列中运动目标的检测可以通过光流场场、图像差分、小波变换和神经网络等方法检测。

① 基于光流场:图像中每个像素都赋予了速度矢量,由此形成图像运动场,根据各像素点速度矢量特征对图像动态分析,包含了物体表面结构和动态行为的重要信息。光流计算方法大致可分为三类:基于匹配的、频域的或梯度的方法。运动目标和背景存在相对运动的时候,根据运动目标临近的背景速度矢量场和目标形成的速度矢量场的区别检测目标的位置。常用的光流场算法有 Lucas Kanade,Horn 等,但这些方法容易受场景中噪声的干扰,且计算量大,不适合实时处理。

② 基于帧差:通过相邻帧差或当前帧与背景帧差方法来检测目标。此方法计算简单快速,但检测时,很难检测对象灰度变化小的目标,两帧间重叠的区域没有检测出来,在目标表面会产生空洞,且检测出的目标形状要大于真实物体,且易受背景噪声的干扰,适合背景简单、干扰小的环境。若背景改变时,还需要对其进行运动补偿后再差分。

③ 基于神经网络:此方法对目标尺度变化、旋转变形适应性较好。实现时先将图像分成块,投影到线性滤波器组,从而得到图像的不同模式,然后将其通过预先计算的聚类原型分类,用训练得到的神经网络分类器判断目标是否被图像模式包含。但神经网络计算复杂,不适合对目标实时处理。

④ 基于背景估计:当前图像和随时间更新的背景相减,当大于指定阈值时认为像素是目标像素,对所有像素进行相同操作,得到目标的整体信息。如建立混合高斯背景模型,每个像素都建立高斯分布构成的混合高斯模型,随着环境不断变化,背景模型随之更新。此方法可以得到较准确的目标描述,适用于静止或运动目标,对光照变化有适应能力,但对背景运动幅度大的场景不适用。

⑤ 基于时空联合分割:Greenspan 等将视频根据空间、颜色和时间分为三维特征空间,将视频看成像素的时空块,像素与特征空间中的点对

应，利用高斯混合模型聚类，通过时间和空间维的协方差系数给出运动信息，同时利用帧内空间特征信息和帧间时域相关性，分割效果较好，但对前景时空块定位时不准确且计算复杂。

⑥ 基于贝叶斯统计方法：借助贝叶斯判定准则，利用像素的空间、帧间和光谱信息分割前景背景，但检测出的目标内部会形成空洞，难以通过形态学方法连通修复，且在目标和背景颜色相近的情况下分割效果较差。

⑦ 其他方法：大多数研究人员目前都致力于开发不同的背景模型，以期减少动态场景变化对于运动分割的影响。例如，Haritaoglu 等人利用最小、最大强度值和最大时间差分值为场景中的每个像素建模，并且进行周期性地背景更新。Elgammal 等人提出了一种非参数的核密度估计技术，分别对前景和背景进行建模，在复杂的场景下检测人群。Power 等人详细研究了混合高斯模型，并对模型中的每个参数的选择及更新提出了很好的建议。Huang Weiyao 等人提出帧差法和背景减法相结合解决光照变化。Elia 等人提出的采用双背景和相邻帧差分相结合的方法，解决光线的快速变化和背景中运动目标长时间滞留的问题。Zhao Li 等人提出基于 Kalman 滤波器的车辆检测与跟踪系统，对运动车辆进行跟踪估计得出车辆的运动轨迹和速度。

在照度变化、背景干扰、摄像机运动以及物体之间遮挡的环境给运动目标分割带来困难，在这种情况下如何准确快速地分割运动目标是目前重要的研究问题。比如由于目标投影的影响，可能连同目标一起分离，当目标和背景颜色相近时，目标不易被检测出，因此如何使分割算法对动态变化的复杂环境具有自适应性是目前比较困难的问题。

### 1.3.3 轮廓检测

活动轮廓模型突破了 Marr 理论中单向、分层视觉模型的限制，将边缘、灰度、纹理等底层视觉属性和亮度、形状等目标先验知识有机结合，约束分割问题，其独有的光滑连续特性弥补了轮廓上噪声、间隙等问题，在图像分割等领域得到广泛应用。活动轮廓模型包括参数活动轮廓模型和几何活动轮廓模型。

Kass 等人提出了 Snake 主动轮廓模型属于参数活动轮廓模型，模型通过能量函数描述目标轮廓和灰度信息，在不需要更多先验知识的条件下由初始位置逼近真实轮廓，寻找自身能量局部极小值，得到光滑连续的轮廓线，近几年受到广泛应用。可以通过贪婪算法、动态规划等最小化能量函数。此方法可以提取任意变形轮廓，适合处理结构复杂、个体差异显著的图像，不需要用户交互，自主演化曲线形变。但是传统 Snake 算法存在以下问题：

① 对于轮廓初始位置敏感，不能向凹处收敛；

② 易陷入能量局部极值；

③ 不具有拓扑自适应性，不能根据目标形状自动分配蛇点；

④ 抗噪能力较差，环境噪声大时容易收敛于噪声点；

⑤ 迭代过程运算量大等问题。

针对传统算法存在的问题，很多研究学者提出了改进方法。Cohen 提出 Balloon 模型，在该模型引入了膨胀力，使活动轮廓向外收敛，从而准确定位边缘提高曲线演化速度，但没有根本上解决初始位置问题；Xu 等提出了 GVF-Snake 模型，对图像梯度场逼近构造了新的外力，通过外力内力共同作用得到目标边缘，但计算量大。Suri 提出基于区域统计信息的活动轮廓模型，通过模糊聚类在 Snake 模型上定义外力。Zhu 和 Yuille 提出一种区域竞争算法，以贝叶斯准则进行区域统计。Cremers 等提出扩散 Snake 模型，把统计形状知识和 Mumford-Shah 模型进行耦合。Xie 等人提出辅助区域的几何蛇模型，在 GVF 模型的启发下引入梯度流力和区域扩散力。

水平集(level set)方法基于曲线演化的理论，将演化过程转为对曲面 Hamilton-Jacobi 方程的求解，属于几何活动轮廓模型。此方法和参数无关，仅依靠曲线曲率和法向量实现曲线拓扑结构的变化，根据波前传播熵守恒理论，解决曲线拓扑结构变化和演化中奇异性的问题。近几年广泛应用在图像分割、图像修复、目标跟踪等领域。Caselles 和 Malladi 等人在水平集方程中嵌入演化曲线，以图像梯度函数作为演化结束的标准，提出基于平均曲率的轮廓模型，但易出现边界露出的现象。Yezzi 和 Kichenassamy 等人在原模型基础上增加了回拉力。Suri 等人将模型分为包含图像区域信息的规则模型和不包含区域信息的无规则模型。Chan 和 Vese 将基于区域信息的模型变换为分段连续的 C-V 模型。

### 1.3.4 目标跟踪

近几年学者提出的跟踪算法中，基于差分的光流法算法复杂，实时性差，复杂环境中极易失效；基于 Kalman 滤波的跟踪方法由于算法本身要求目标运动状态满足高斯分布的假设，将其用于非高斯非线性的复杂环境时容易跟踪失败；粒子滤波算法通过估计目标状态实现跟踪，有较强的抗干扰能力，但计算量大且存在粒子退化现象。Y. Cheng 提出的 Meanshift 均值漂移算法是一种无参基于核密度的模式快速匹配算法[14]，广泛应用在模式识别和计算机视觉领域，但用其进行目标跟踪无法实现目标模型的更新，且当尺寸变化时易丢失目标。Gary R. Bradski 等人在 Meanshift 基础上建立了 Camshift 算法[15]，该算法将均值漂移算法扩展到目标跟踪领域，通过自动窗口调节适应目标尺寸变化，利用图像颜色概率的分布特征跟踪目标。在诸多算法中，Camshift 以其计算简单、时实行高的特点近年来被广泛应用。

但遇到场景复杂，背景颜色和目标相近、亮度不均或噪声高的环境时容易受干扰物影响导致跟踪失败。有学者在算法中引入基于贝叶斯概率框架的特征模型，但因计算量高，实时性难以达到。

总的说来，当前对运动目标理解和跟踪问题的研究尚处于对特定问题设计特定方法的阶段，对于煤矿等场景复杂多变工作环境的自适应能力很差。环境噪声、照度的变化、目标边缘或区域特征不明显、背景复杂、遮挡、前景背景相似等各种因素的存在会影响运动目标检测的准确性，给目标的正确检测带来极大挑战。运动目标正确检测与分割的效果是否理想会直接影响到后续的跟踪、分类和识别等环节，因此成为计算机视觉中的一项重要课题。本书针对以上运动目标检测、跟踪以及煤矿安全生产应用中存在的问题，在借鉴已有研究成果的基础上，对复杂环境下运动目标的检测、分割及跟踪等问题进行研究，将研究成果应用到煤矿安全监测监控等实际问题中去。

## 1.4 本书研究内容

由于本书主要应用的环境为煤矿，直接将目前常用的视频图像处理方法应用于对煤矿特殊环境效果并不理想，影响了后期高层次的目标分类和行为理解的处理。因此，视频监控中如何在底层视觉模块中有效分割目标，消除环境噪声、照度变化、形态变化的影响是问题的关键，本书主要针对以上问题进行了研究和实验。主要工作介绍如下：

（1）提出适合煤矿井下特殊环境的危险区域目标检测算法，算法基于SIFT多尺度变换，用改进的K-d树进行特征点匹配搜索，提高搜索效率，并将统计分析中样本主成分分析引入SIFT特征向量降维中，使系统实时性得到提高。RANSAC算法和L-M非线性优化算法结合估计优化参数，提高了匹配精度。实验证明，新算法对煤矿井下模糊、低照度、遮挡、旋转、高噪声和尺度变化等情况均具有良好鲁棒性，能解决多摄像机不同视角目标匹配问题，适合实时处理监控系统中井下危险区域目标检测。

（2）针对煤矿井下噪声大、光照不均等复杂环境传统拼接算法并不适用的问题，本书提出新的拼接算法，该算法增大视野范围，有助于大场景中的目标检测和跟踪。算法采用拼接帧抽取方式提取部分关键帧进行拼接，根据相位相关冲激函数能量实现图像快速粗匹配，高效检测重叠区域，对乱序帧制定排序方法，结合提升小波进行多分辨率融合实现无缝拼接。理论分析和实验表明本书算法提高了匹配效率，拼接效果平滑自然，对噪声、光线变化、模糊等现象有较好鲁棒性。

（3）针对Snake模型寻优过程中抗噪能力差、不能向凹处收敛等问题，提出适合煤矿井下复杂环境的目标轮廓检测新算法。算法对Snake模型进行改进，使其自动分配蛇点，具有拓扑自适应性，并将粗收敛结果作为粒子群算法的初始轮廓。同时针对粒子群优化过程中易丧失群体多样性和易收敛于局部极值的问题，结合遗传算法中育种和变异思想改进，淘汰适应度低的粒子，增加了相邻粒子间约束，通过自适应惯性权重非线性调整方法提高收敛精度。实验中将单峰、多峰测试函数和图像仿真与传统方法进行对比，证实了改进算法的有效性。针对大煤块堵煤仓问题，通过结合GAC和C-V模型的变分水平集算法有效实现了煤块分割，相比其他模型分割准确，有更好的抗噪、抗光照不均的能力。

（4）Camshift算法计算量小，实时性高，广泛应用于目标跟踪领域。由于仅依靠颜色模型，直接将Camshift算法应用于照度不均、噪声大的煤炭井下环境极易丢失目标。为此，提出融合多特征的自适应模板更新算法。新算法在Camshift算法基础上，融合纹理、边缘等特征，通过建立特征模板，各特征根据贡献度合理分配权重，在环境变化时自适应更新模板。通过划分子区域提取各区域量化后特征直方图信息作为子区域特征，建立遮挡时目标跟踪模型。实验将Camshift算法和新算法在不同环境中进行对比，证实了改进的算法在跟踪过程中，特征之间互补不足，抗干扰能力强，跟踪准确。

## 1.5　本书组织结构

本书共6章，内容组织如下：

第1章介绍了课题的研究背景和意义，分析了煤矿井下视频的特点以及现阶段特征检测、图像分割、目标跟踪等技术的现状，并介绍了本书研究内容和组织结构。

第 2 章提出了基于 SIFT 多尺度变换,介绍了适合煤矿井下特殊环境的危险区域目标检测算法,实现了多摄像机不同视角的目标精确匹配。

第 3 章提出一种适合井下复杂环境的无缝拼接算法,增大了读者视野范围,有助于大场景中目标检测和跟踪。对井下视频中广泛存在的噪声大、光线变化、模糊以及旋转等情况有良好鲁棒性。

第 4 章提出融合多粒子群的 Snake 模型动态轮廓检测算法,有效解决复杂环境目标轮廓检测问题,并针对大煤块堵仓问题,提出结合 GAC 和 C-V 模型的变分水平集算法,解决大煤块检测问题。

第 5 章提出了基于 Camshift 的融合多特征的自适应模板更新目标跟踪算法,根据贡献度合理分配权重,对遮挡现象建立遮挡模型,有效跟踪井下运动目标。

第 6 章总结本书所做的工作,并对今后的研究工作进行展望。

# 2 目标局部特征提取

井下作业远离地面，地形复杂，环境恶劣。利用远程智能视频监控系统，地面监控人员可以直接对井下情况进行实时监控，特别是对危险区域设备、人员、机车等进行检测和跟踪，能够及时发现事故隐患，及时预警，防患于未然。目标匹配在监控系统中起到了很重要的作用，虽然全局特征可以全面描述图像信息，但若图像存在遮挡、仿射变化等情况时，检测效果不理想，而局部特征可以弥补全局特征的以上缺陷。局部特征可以在任何需要图像间配准的应用中运用。如三维重建、二维图像物体识别、运动跟踪、图像拼接等。井下危险区域移动目标检测包括以下几个方面：

① 检测设定危险区域内是否有可疑人物或机车进入、逗留或徘徊。对检测到的目标跟踪并且报警。

② 当违规机车或工人进入运动目标集中区域后能进行跟踪并及时报警。③ 井下运动目标滞留超过一定时间，对设定区域的目标进行探测并报警。

Morioka、Orwell 等提出了使用颜色直方图作为区域特征进行匹配的方案，Krumm 等也提出相似方法，Mittal 等通过使用高斯颜色模型解决了多个摄像机之间的匹配问题，Chang 等结合了对极几何和颜色映射等来进行两个摄像机之间的匹配。然而颜色特征受光线和视角影响较大，井下煤矿工人制服颜色接近，易产生误匹配。此外，由于摄像机参数设置各不相同，目标采集颜色也会不同，当使用不同摄像机之间进行目标匹配时，即使采集同一个目标，颜色也不尽相同，并且颜色特征受光线和视角影响较大，特别是煤炭复杂环境下，目标检测更加困难，因此使用颜色提取特征的方法是不可靠的。Susan、Mic 等提出的角点检测算子具有一定程度的不变性,但由于特征点只集中在某些区域,信息量较为单一,不适合视角变化、遮挡、低照度、高噪声的煤矿井下复杂环境。

尺度不变特征变换 SIFT(scale invariant feature transform)方法,主要思想是利用多尺度变换在尺度空间中寻找极值点,提取特征点位置和方向,使特征向量对图像旋转、缩放、仿射变换、光线变化等情况保持不变。SIFT 算法最初由 Lowe 于 1999 年提出,2004 年总结完善。目前,很多学者致力于 SIFT 算法的改进。BSIFT 算法结合目标的边缘信息,提高了 SIFT 算法的效率,但由于该算法基于灰度特征,因此对颜色不同但形状相似的物体识别能力较差。SURF 算法运算速度较快,但遇到光照变化和视角变换的情况时,效果不理想。Mikolajczyk 提出的 GLOH-SIFT 算法对原有 SIFT 算法进行了改进,提高了匹配效果但不可避免地增加了计算复杂性。由于井下环境特殊,现有的方法并不能很好地解决煤矿生产中存在的问题。

综上考虑,由于井下环境噪声大、照度低、工业电视图像模糊,从而给目标检测带来了困难,现有检测算法并不适合煤矿场景。本书从局部信息特征提取着手进行深入研究,提出改进的基于 SIFT 特征描述的运动目标检测方法,解决原有 SIFT 算法计算复杂度高,复杂环境容易误匹配的现象,使新算法能适应井下广泛存在的噪声大、光线变化、模糊以及旋转、缩放、仿射变换等情况。

## 2.1 特征检测

良好的局部特征应该具有如下性质:

① 可重复性:同一个目标在不同的场景或视角下,两幅图像中对应特征越多越好,局部特征不随着图像大小变化而变化,对于较小的变形不敏感。

② 局部性:特征是局部的,允许用简单的模型来近似两幅图像间的几

何和成像变形,减少遮挡后不能识别的可能性。

③ 准确性:特征应该能够被精确地定位,包括尺度和空间定位。

④ 高效性:特征检测的时间越短越好,以适应实时性需求。

⑤ 数量型:特征数目要多,即使目标很小。理想状态是可以通过阈值的设置调整特征数量。

⑥ 独特性:特征幅值要具有多样性,特征才容易区分、匹配。

系统实时性是非常重要的考虑因素,对于特征点检测经常使用高斯拉普拉斯 LoG(Laplace of Guassian)算子和利用图像点二阶微分 Hessian 矩阵的 DoH(Determination of Hessian)检测方法检测不同尺度特征点,但两者都需要对高斯函数进行一阶、二阶微分运算生成卷积核,同时卷积核在两个不同方向与图像进行卷积运算,结果还要再进行加法、乘法运算等,非常费时。此外完整的检测还包括特征点特征矢量生成,匹配搜索等,因此需要特征点检测的快速算法。

### 2.1.1 SIFT 特征向量生成

Lowe 在前人基础上提出 SIFT 算法,算法将特征点检测、矢量生成、特征匹配搜索等步骤进行完整结合并优化,极大提高了运算速度。SIFT 算法利用高斯差分多尺度变换寻找特征点,利用其位置、方向特征向量保持不变,从而适应各种仿射变换。SIFT 算法过程包括以下几个步骤:

Step1:构建高斯差分(DOG)金字塔。

SIFT 算子采用高斯差分算子,通过在尺度空间中寻找极大值方法检测稳定的特征点,如图 2-1 所示。将尺度空间变成函数 $L(x,y,\sigma)$,图像 $I(x,y)$ 和 $G(x,y,\sigma)$ 为可变尺度高斯函数卷积产生。

$$L(x,y,\sigma)=G(x,y,\sigma)*I(x,y) \tag{2-1}$$

高斯差分尺度空间公式为:

$$\begin{aligned}D(x,y,\sigma)&=(G(x,y,k\sigma)-G(x,y,\sigma))*I(x,y)\\&=L(x,y,k\sigma)-L(x,y,\sigma)\approx(k-1)\sigma^2\ \nabla^2 G\end{aligned}$$

$$G(x,y,\sigma)=\frac{1}{2\pi\sigma^2}e^{-(x^2+y^2)/2\sigma^2} \tag{2-2}$$

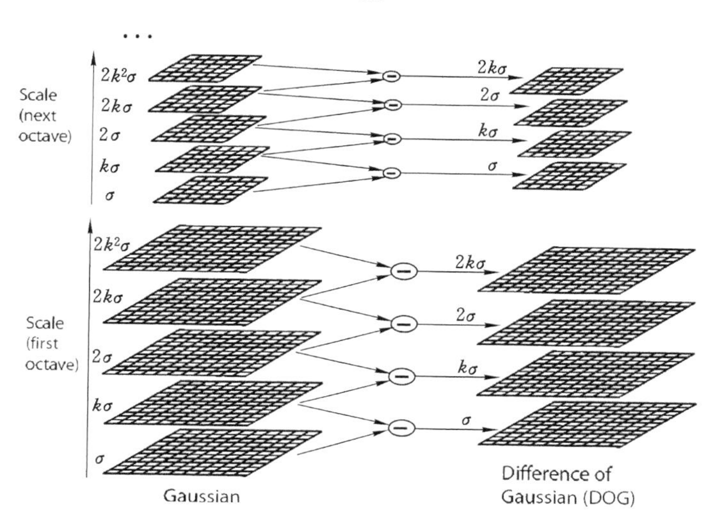


图 2-1 DOG 尺度空间

Step2:差分金字塔上的极值点检测。

如图 2-2 所示,位于中间的检测点和它同尺度的 8 个邻接点和上下相邻的9×2 个点比较,确保极值点在尺度和二维图像空间都被检测到。

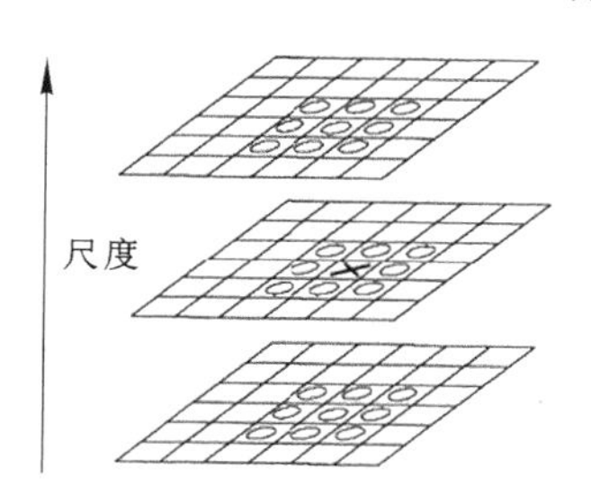


图 2-2 局部极值检测

由于高斯差分函数会在图像边缘处产生较强响应,通过计算极值点处的 Hessian 矩阵来消除边缘像素点,提高匹配的稳定性。

$$H(x,y)=\begin{bmatrix} D_{xx}(x,y) & D_{xy}(x,y) \\ D_{xy}(x,y) & D_{yy}(x,y) \end{bmatrix} \tag{2-3}$$

矩阵的行列式和迹为：

$$Tr(H)=D_{xx}+D_{yy}=\alpha+\beta$$
$$Det(H)=D_{xx}D_{yy}-(D_{xy})^2=\alpha\beta \tag{2-4}$$

设 $r$ 为较大特征值与较小特征值的比，$\alpha$ 为最大特征值，$\beta$ 为最小的特征值，在程序中主曲率比为 $\gamma$。$\alpha=r\beta$，这样便有

$$\frac{Tr(H)^2}{Det(H)}=\frac{(\alpha+\beta)^2}{\alpha\cdot\beta}=\frac{(\gamma\beta+\beta)^2}{\gamma\cdot\beta^2}=\frac{(\gamma+1)^2}{\gamma} \tag{2-5}$$

上式结果取决于特征值的比例而非具体特征值。当两个特征值相等，$\frac{(\gamma+1)^2}{\gamma}$最小，当 $\gamma$ 增加时，$\frac{(\gamma+1)^2}{\gamma}$也增加。

$$\frac{Tr(H)^2}{Det(H)}<\frac{(\gamma+1)^2}{\gamma} \tag{2-6}$$

因此检查主曲率的比值小于某一阈值 $\gamma$，只要上式成立，则认为是特征点，否则认为是边缘像素，被排除。Lowe 在文中取 $\gamma=10$，通过去边缘效应可以不断净化检测结果。

Step3：计算关键点的主方向。

为使算子具备旋转不变性，使用关键点邻域像素的梯度方向分布特征给每一个关键点指定方向参数。$m(x,y)$，$\theta(x,y)$表示采样点处的模值和方向。

$$m(x,y)=\sqrt{(L(x+1,y)-L(x-1,y))^2-(L(x,y+1)-L(x,y-1))^2}$$
$$\theta(x,y)=\alpha\tan 2((L(x,y+1)-L(x,y-1))/L(x+1,y)-L(x-1,y)) \tag{2-7}$$

邻域像素梯度方向用直方图统计，关键点的主方向用峰值表示，如图 2-3 所示。

Step4：生成特征向量。

如下图 2-4 所示，特征点位置为中心，在邻近区域取 8×8 窗口，分成

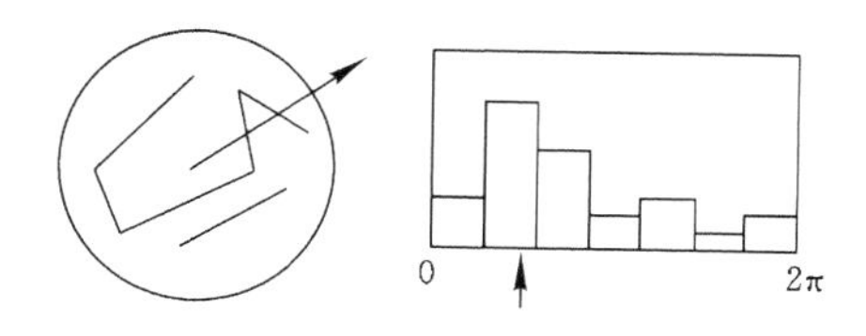


图 2-3 主方向

4 个 4×4 小块，每个小块计算 8 方向的梯度直方图，每个关键点由 4 个有 8 个方向向量信息的种子点构成。Lowe 在实际应用中采用 4×4 个小窗口，每个特征点用 128 维向量来表征。最后，为了去除光照变化影响，对特征向量进行归一化处理。

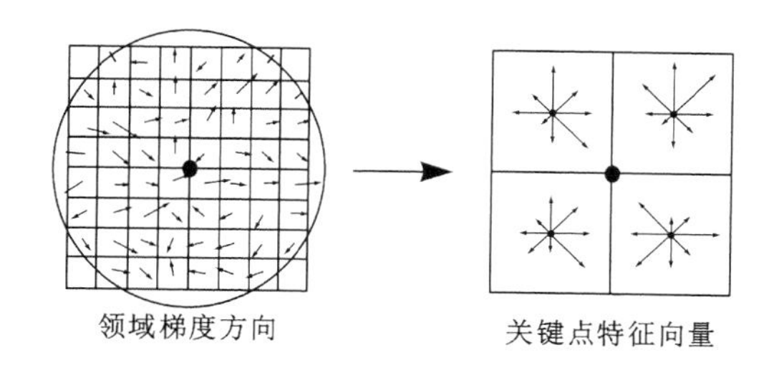


图 2-4 SIFT 特征向量

可以看出，DoG 方法是对 LoG 的一个近似，其有如下优势：① LoG 需要使用两个方向高斯二阶微分卷积核，而 DoG 直接使用高斯卷积核，省去了卷积核生成的运算量；② DoG 保留了各个高斯尺度空间图像，在生成某空间尺度特征的时候，可以直接使用尺度空间图像；③ LoG 对特征点检验比 Harris、DoH 好，而 DoG 是 LoG 的近似和简化，因此具有同 LoG 相同的性质。

### 2.1.2 问题提出

SIFT 尺度不变特征变换算法是最有效地进行图像匹配和特征检测算法之一，对旋转，尺度缩放等方面具有不变性，但也存在着以下不足。

一般情况下，比例阈值 $r$ 的大小决定了使用欧拉距离公式进行特征点匹配的准确性。如果 $r$ 取值较小，匹配点个数会过少：阈值 0.2 时，图 2-5(a)、(d)、(f)中均无错误匹配对，匹配对个数分别为 18、4、49。但图 2-5(a)中室内目标人物只有一个匹配特征点对，图 2-5(d)井下环境图中只有 4 对匹配，而图 2-5(f)中运拉煤车则无匹配点对。如果阈值取值太小，匹配点的数目就会太少，从而导致后面的参数计算进行不了。

阈值 $r$ 取值大，匹配点会增多：阈值 0.9 时，图 2-5(b)、(e)、(g)表明匹配对增至 80、127、184 个，其中错误匹配对相应为 17、27、15 个。虽然图像匹配对增多了，更好地体现了 SIFT 算法的仿射不变性，如人物、机头和拖拉机的匹配对明显增多，但错误匹配对也明显增多，特别是井下环境时。被配对的两帧图像上的两个点有时虽具有相同或极其相似的 SIFT 特征向量，却并非同一个图像特征。图 2-5(c)中描述了室内环境中的两幅图在不同阈值中匹配对数的变化情况。随着阈值不断增大，在匹配对增多的同时，错误匹配数也逐步增大，极大影响了匹配效果。

(a) 阈值 0.2

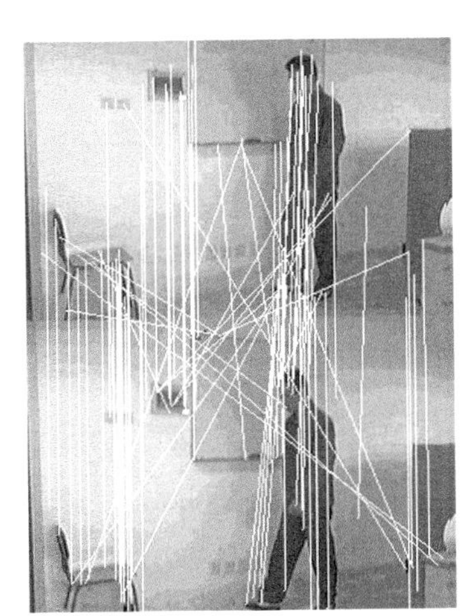
(b) 阈值 0.9

图 2-5　不同阈值匹配结果

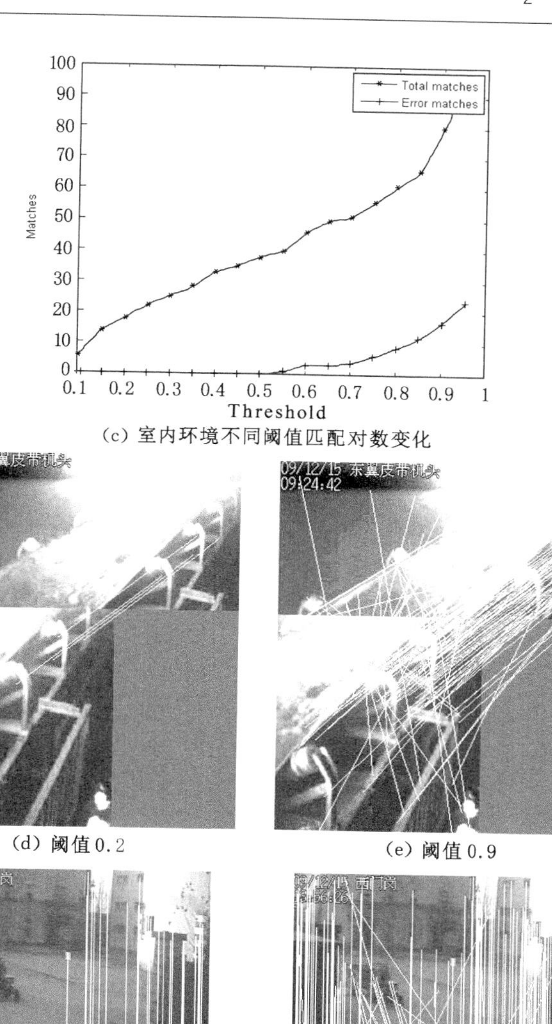


(c) 室内环境不同阈值匹配对数变化

(d) 阈值 0.2

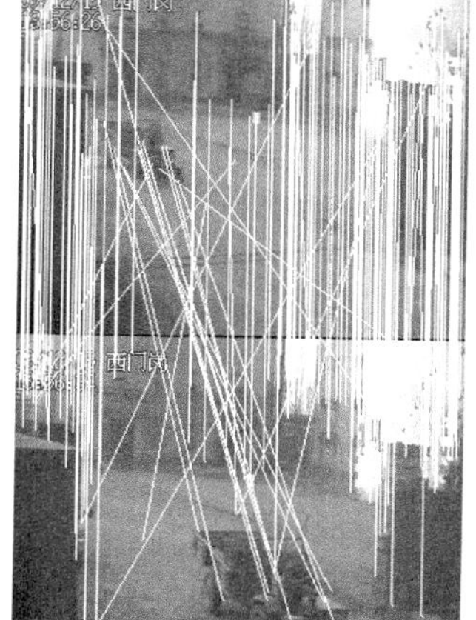

(e) 阈值 0.9

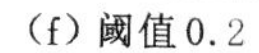

(f) 阈值 0.2

(g) 阈值 0.9

图 2-5(续)

由实验可知，要将 SIFT 方法应用在煤矿高噪声环境，仅仅调节欧氏距离的阈值 $r$ 精度不高，匹配不准确，无法解决误配问题，需要通过新的方法修正错误匹配对。此外，SIFT 算法用于实时处理的视频环境，时间复杂度仍然较高。计算 SIFT 特征向量时，相同点的主方向有一个，但辅方向会有一个或多个，计算时候会把它们作为不同特征点进行计算，但它们实际上是相同点，会产生多对一匹配或者重复匹配的现象，耗费了大量匹配时间。通过对大量图像进行试验，统计了算法各个阶段所需时间占总时间百分比，SIFT 算法在 4 个阶段的时间花费如下：① 构建高斯差分金字塔：30%～50%；② 极值点检测：5%～10%；③ 计算关键点的主方向：5%～10%；④ 计算描述子：30%～50%。例如对于 320×240 的实验室图像，在 2 G 内存、2.4GHZCPU、Windows XP SP2、编程环境为 Matlab 2018b 的电脑上进行试验，以上 4 个阶段分别需要 292 ms、78 ms、69 ms、377 ms，总时间为 816 ms，满足不了井下实时监控的需要。因此在不影响复杂度以及保证检测出的特征点质量和数量的前提下，应对其计算速度进行优化。为了适应煤矿监控的需要，以下分别对图像去噪、提高匹配精度和匹配效率进行了研究。

## 2.2 图像去噪

图像去噪是图像预处理中应用比较广泛的一种技术，可以在空间域或者在频率域处理。传统的预处理方法体现了图像信噪比与空间分辨率的折中，缺点是低通滤波在平滑噪声的同时模糊了边缘，高通滤波虽增强了边缘但也放大了噪声。

通常来说，小波在处理一维、二维有点状奇异性的目标时，性能良好。然而图像边界通常并非是点奇异，而表现为光滑曲线的奇异性。根据生理学家对人类视觉系统的研究结果和自然图像统计模型，“最优”的图像表示法需要具有局域性、多分辨特征和方向性特征。一维小波张成的二维小波基只有垂直、对角、水平方向，缺乏多方向性，因此不能“最优”表示具有线、面奇异的高维函数。

在小波理论基础上，D. L. Donoho 和 E. J. Candes 建立了脊波(Ridgelet)变换[17]，脊波变换是一种适合表示各向异性的多尺度方法。脊波本质上不仅具有局部时频分析能力，还具有方向选择辨别的能力，可以有效表示图像的线性轮廓等方向性奇异特征。大量实验表明，脊波对直线特征的表示以及提取，效果良好，为了进一步表示多维信号中更为普遍的曲线型奇异性，又发展出曲波 Curvelet 方法，用多个尺度的局部直线来近似表示整条曲线。

由于 Curvelet 变换具有多尺度特性以及良好的方向特性，噪声信息和边缘信息能够很好地分开，在保持边缘的同时，使噪声抑制达到了一个很好的效果。本书主要将第二代 Curvelct 变换运用于图像去噪中，在此基础上对现有算法作出改进，使图像信噪比更高，图像显示效果更真实更清晰。

### 2.2.1 离散 Curvelet 变换

在笛卡儿坐标系下，$f[t_1,t_2](0\leqslant t_1,t_2\leqslant n)$为输入，曲波变换的离散形式可表示为：

$$c^D(j,l,k):=\sum_{0\leqslant t_1,t_2<n} f[t_1,t_2]\,\overline{\phi^D_{j,l,k}[t_1,t_2]} \tag{2-8}$$

采用一带通函数 $\Psi(\omega_1)=\sqrt{\phi(\omega_1/2)^2-\phi(\omega_1)^2}$，定义 $\Psi_j(\omega_1)=\Psi(2^{-j}\omega_1)$，用此函数实现多尺度分割。对于每一个 $\omega=(\omega_1,\omega_2)$，$\omega_1>0$，有 $V_j(S_{\theta_l}\omega)=V\left(2^{j/2}\dfrac{\omega_2}{\omega_1}-l\right)$。其中，$S_{\theta l}$ 是一个剪切矩阵(shear matrix) $S_{\theta l}:=\begin{pmatrix}1 & 0\\ -\tan\theta_l & 1\end{pmatrix}$。$\theta_1$ 并非等间距的，但是斜率是等间距的。定义 $\widetilde{U}_j(\omega):=\Psi_j(\omega_1)V_j(\omega)$，针对每一个 $\theta_1\in[-\pi/4,\pi/4)$，有 $\widetilde{U}_{j,1}(\omega):=\Psi_j(\omega_1)V_j(S_{\theta_l}\omega)=\widetilde{U}_{j,1}(S_{\theta_l}\omega)$。

基于 Wrapping 的快速离散曲波变换主要通过围绕原点 wrap 实现，其 FDCT 实现算法过程如下：

① 对 $L^2(R^2)$ 中的 $f[t_1,t_2]$ 进行 2D FFT 变换得到 $\hat{f}[n_1,n_2]$；

② 方向参数 $(j,1)$ 在每个尺度对 $\hat{f}[n_1,n_2]$ 采用插值方法计算，得到 $\hat{f}[n_1,n_2-n_1\tan\theta_1]$；

③ 抛物窗 $U_j$ 乘以 $\hat{f}[n_1,n_2-n_1\tan\theta_1]$ 局部化 $\hat{f}$；

④ 围绕原点进行 Wrapping，从而局部化 $\hat{f}$；

⑤ 对 $\hat{f}$ 做 2DIFFT 变换，得到 Curvelet 变换系数 $C^D(j,l,k)$。

离散 Curvelet 变换时，先变换到频域，接着在频域中局部化，最后通过 2DIFFT 二维快速傅立叶逆变换得到曲波系数。快速离散 Curvelet 变换在频域中进行，这样可以利用 FFT 变换、Wrapping 技术来实现。算法复杂度为 $O(n^2\log n)$，传统 Curvelet 方法结构复杂，使用重叠窗口来克服块效应，但同时增加了冗余，冗余度高达 $16J+1$，其中 $J$ 是多尺度级别，而基于 FDCT 实现的算法冗余度降低到 2.8，对于出现斑点噪声，或者是尺寸远比目标物体小的杂物出现在图像中时，应用 Curvelet 变换，不仅很容易将其滤掉，而且不损失边缘细节，有利于准确提取边缘。

### 2.2.2 图像去噪新算法

根据曲波变换理论，较大的曲波系数对应于较强的边缘，噪声对应较小的系数，因此，在阈值的选取上，可以采用保留较大系数，舍弃较小系数的方法来实现图像的消噪。虽然通过阈值方法可以取得较好的去噪效果，边缘等局部特征被保留，但会在图像中出现振铃、伪吉布斯效应，即出现类似水波样波纹，如图 2-6 所示，显示效果不理想。

这种情况是由信号特性和小波基特性之间的不匹配造成的。为了抑制阈值去噪过程中由于变换缺乏不变性而产生的伪吉布斯现象，可以采用平移图像来改变不连续点的位置。Coifman 和 Donoho 提出了 Cycle Spinning 方法，该方法采用强制平移信号以使其特性改变位置，接着把结

图 2-6 伪吉布斯效应

果进行逆平移，从而有效抑制伪吉布斯现象。由于信号可能包含不连续点，这些点之间会互相干扰，因此通过在一定范围内循环平移信号代替单一平移，然后将结果取平均的方法去噪。

一维信号循环平移方法如下：对于一个信号 $x_t(0 \leqslant t \leqslant N)$，$H_N = \{h: 0 \leqslant h \leqslant N\}$ 用 $S_h$ 表示对信号 $x$ 进行 $h$ 的时域平移，$h$ 是正整数，即 $(S_{hx})_t = x_{(t+h)} \bmod N$ 且 $S_h$ 可逆，令 $S_{-h} = (S_h)^{-1}$，$T$ 表示对信号用阈值法去噪处理，$A$ 表示取“平均”，则平移不变量的去噪方法可以表示为 $T(x, (S_h)_{h \in H_N}) = A_{h \in H_N} S_{-h}(T(S_h(x)))$。二维图像循环平移时，将像素矩阵中的各个列作为循环平移的一维信号中的一个样值，以列为单位平移，对每一行都用循环平移变换，接着进行消噪处理。

新算法 WCSCurvelet 具体实现如下：

① 对含噪图像进行循环平移，平移量为 1，平移方法如上所述。

② 对平移后的图像进行基于 Wrapping 的 Curvelet 变换，得到各尺度、各方向的 Curvelet 系数 $C^D(j,l,k)$。

③ 对系数 $C^D(j,l,k)$ 进行阈值处理得到 $\hat{C}^D(j,l,k)$，根据先验知识，最精细尺度取阈值系数为 2.5，其他各个尺度上取阈值系数为 2.2。

④ 对 $\hat{C}^D(j,l,k)$ 进行 Curvelet 反变换，重构图像，得到去噪后的图像。

⑤ 对去噪后的图像逆循环平移，重复以上步骤，并对迭代后的结果求平均值，得到最终去噪结果。

### 2.2.3 仿真实验及性能分析

在 Matlab 2018b 环境下，选取大小为 512×512 取自网页的树袋熊图像为实例进行实验，由于树袋熊身上绒毛较多，有利于对比结果的分辨。表 2-1 和图 2-7 是噪声标准差在 10、15、20、25、30 五种情况下，用不同消噪方法得到的峰值信噪比(PSNR)。测试方法列举出 4 种，分别为：基于平移变换改进的小波变换 CSWavelet，基于 USFFT 的快速离散 Curvelet 变换 USFFTCurvelet，基于 Wrapping 的 Curvelet 变换 WrapCurvelet 和本书的基于 Wrapping 和平移不变量结合的 WCSCurvelet 算法分别对噪声图像进行处理。

**表 2-1 树袋熊图像消噪前后的峰值信噪比(PSNR)** 单位：dB

| 噪声标准差 | 消噪前 | CSWavelet | USFFTCurvelet | WrapCurvelet | 本书算法 |
|---|---|---|---|---|---|
| 10 | 28.126 4 | 30.235 3 | 29.163 6 | 29.187 3 | 31.162 4 |
| 15 | 24.618 9 | 28.167 9 | 27.566 6 | 27.593 9 | 28.872 5 |
| 20 | 22.109 4 | 26.917 7 | 26.460 5 | 26.537 0 | 27.457 6 |
| 25 | 20.160 0 | 26.003 2 | 25.663 9 | 25.739 0 | 26.420 1 |
| 30 | 18.583 3 | 25.259 5 | 25.029 2 | 25.115 1 | 25.650 7 |

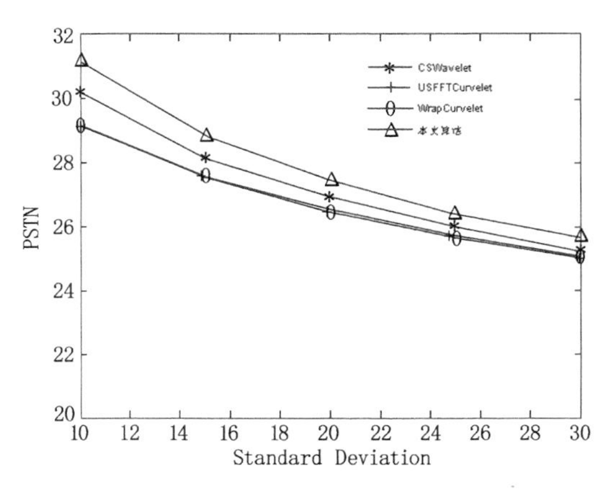


图 2-7 不同算法消噪峰值信噪比

下文中图 2-8 列出了树袋熊图像加噪前后以及使用不同方法消噪后的结果，图 2-9 对树袋熊局部区域放大后进行比较。

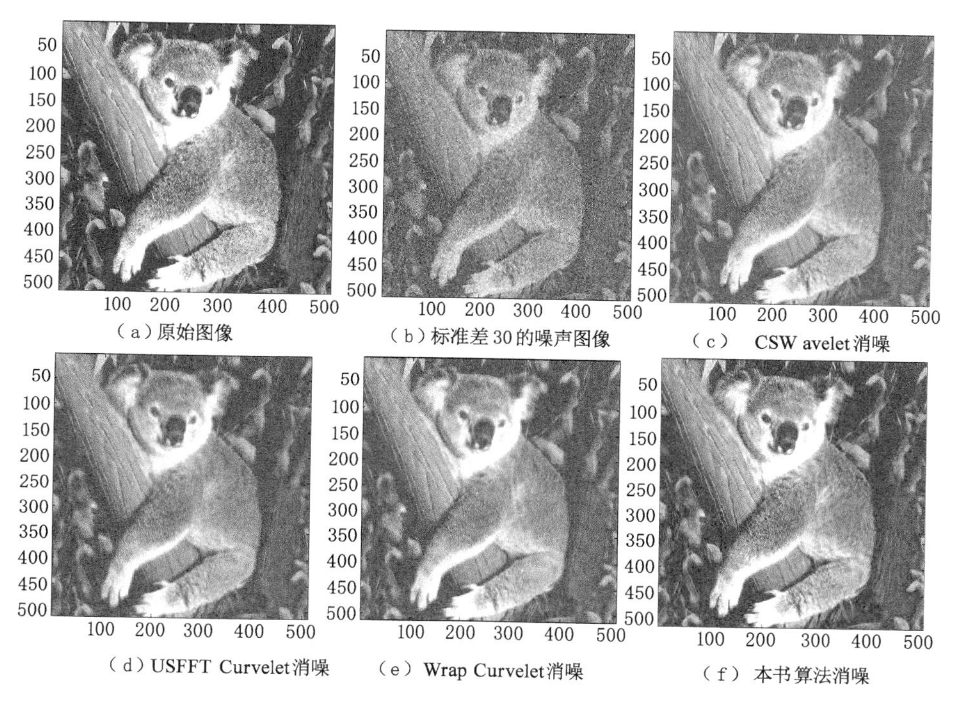


（a）原始图像　（b）标准差 30 的噪声图像　（c） CSW avelet 消噪

（d）USFFT Curvelet 消噪　（e） Wrap Curvelet 消噪　（f） 本书算法消噪

图 2-8　对树袋熊图像进行不同消噪算法的比较

以树袋熊图像为例，显示噪声标准差 30 的条件下不同算法的去噪结果：

为了能更好地看到消噪后图像的细节部分，本书截取树袋熊手臂区域进行放大比较：

通过实验结果可以看出在不同标准差下各种消噪方法的 PSNR 和消噪效果具有明显不同，使用本书改进的方法进行图像消噪，能更好地提高峰值信噪比和图像显示效果。

从视觉效果上看，本书算法既滤除了噪声，同时也很好地保留了图像中的细节信号。与 CSWavelet、USFFTCurvelet、WrapCurvelet 相比，本书算

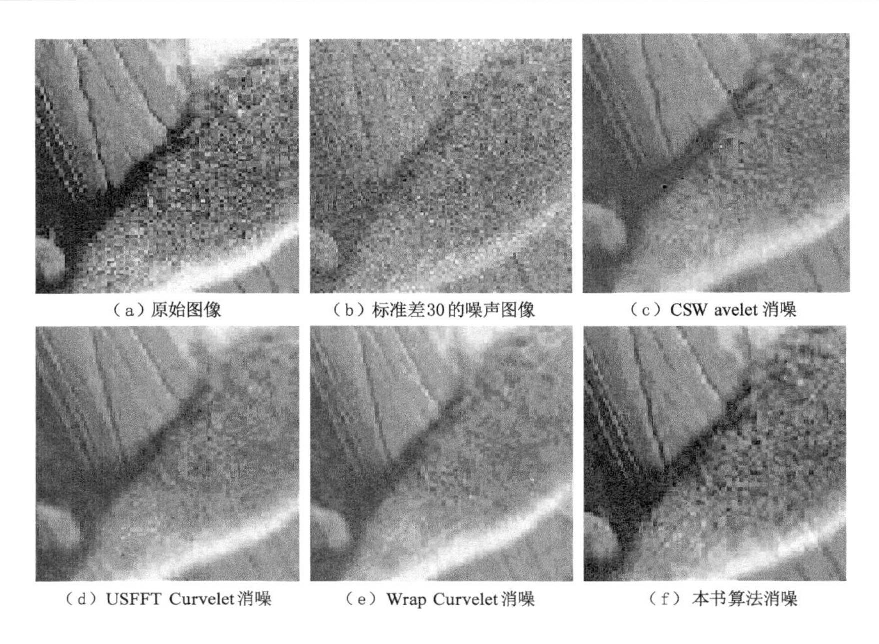

（a）原始图像　（b）标准差30的噪声图像　（c）CSW avelet 消噪

（d）USFFT Curvelet消噪　（e）Wrap Curvelet消噪　（f）本书算法消噪

图 2-9　对树袋熊手臂区域进行不同消噪算法的放大比较

图 2-10　井下图像消噪效果

法消噪后的图像更清晰，更能较好地恢复图像中的纹理，很好的保留图像中的边缘信息。例如树袋熊手臂上的体毛，手臂抱着的树干的纹理等细节恢复的都比其他消噪法效果好，并且在标准差增大的情况下仍旧体现出良好的优势。

从信噪比 PSNR 来看，在这 4 种去噪方法中，基于 Wrapping 的 WrapCurvelet 方法优于 USFFTCurvelet，基于循环平移变换的 CSWavelet 方法优于 WrapCurvelet 方法，而结合 Wrapping 和循环平移变换的本书算法有着最高的 PSNR 值，降低了图像中的伪 Gibbs 现象和振铃效应，使图像视觉效果更好，从而有助于后续的图像处理。

## 2.3 特征搜索及精确匹配

### 2.3.1 基于改进 K-d 树的搜索策略

将欧氏距离作为相似性判定的标准，计算第一幅图中某特征点与第二幅图所有特征点的欧氏距离，当最近距离和次近距离之比小于指定阈值，则特征点匹配。那么通过何种搜索策略快速有效地从两组特征点集合中找到两两距离最近的特征点匹配对是值得研究的问题。

特征点匹配可以归结为通过距离函数在高位矢量之间进行相似性检索的问题。研究者也提出了很多高维索引结构和查询算法。有的索引结构算法针对矢量空间，有的针对度量空间，由于后者的索引算法仅利用距离函数三角不等式性质进行相似度查询，因此适用范围更广泛。

K-d 树是 K-dimension tree 的缩写，对 $k$ 维空间的数据点进行划分。它的构建是一个递归的过程，流程如下：

K-d 树容易刻画数据聚簇性质，建树时的分割平面会根据数据统计特性移动。K-d 树切分空间的局部分辨率也可以调整，在数据点稀疏的地方深度可以比较小，稠密的地方选择更深的树结构切割空间。此外对于切

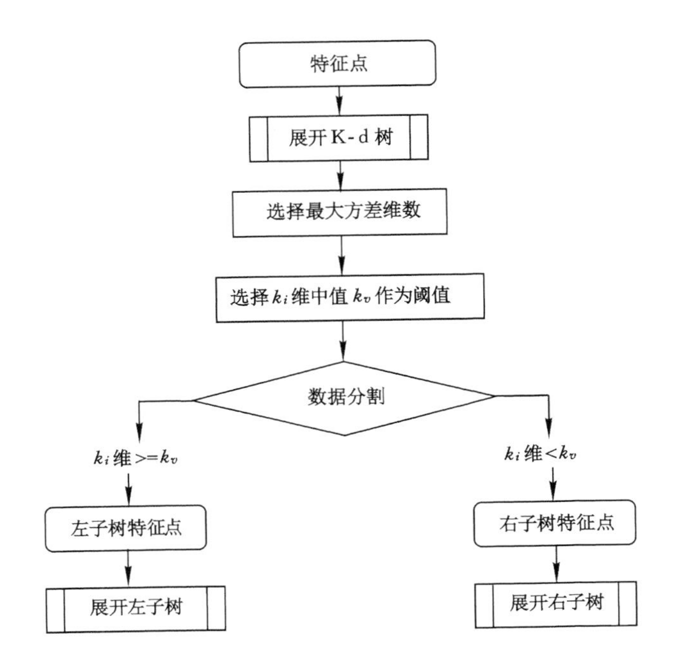


图 2-11　K-d 树构建

割面的法向也可以调整。

Lowe 在 Ijcv2007 使用 K-d 树的最邻近点搜索算法 K-NN。通过基于二叉树的查询表明，$N$ 个节点的 $K$ 维 K-d 树的搜索过程最差的情况为：

$$t_{\text{worst}}=O(k\times N^{1-\frac{1}{k}})\tag{2-9}$$

在这种情况下，查询点的临近区域与分割平面的空间两侧空间都产生交集，K-d 树必须同时检查分割平面两侧，这样做致使效率下降。此外 K-d 树用在高维数据的时候，查询可能会导致大部分节点都被访问和比较，搜索效率会下降甚至接近穷尽搜索。因此，标准 K-d 树数据维数不应大于 20，但 SIFT 描述子维数高达 128 维，因此需要对 K-d 树查询进行改进。改进查询算法如图 2-12 所示。

K-d 树在搜索过程中回溯由查询路径决定，没考虑查询路径数据点本身性质。改进方法可以将查询路径上的节点按各自分割超平面与查询点

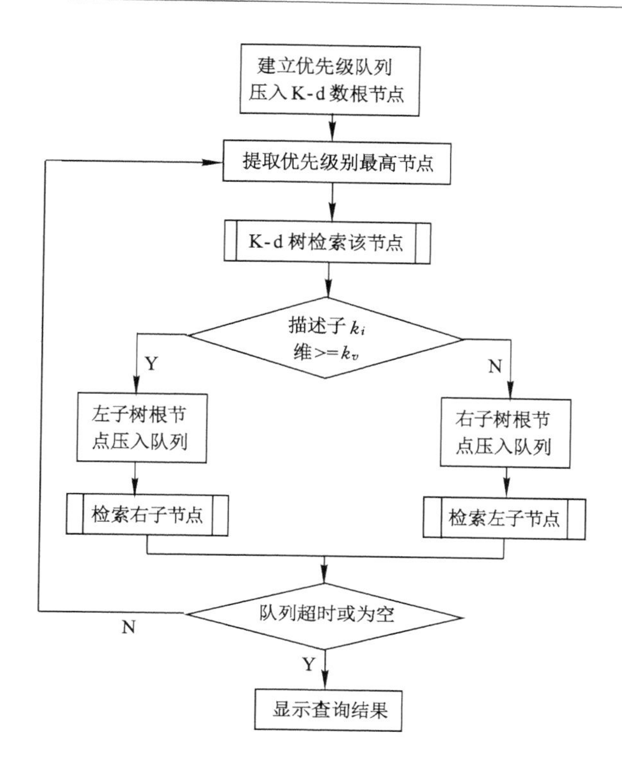


图 2-12 基于 BBF 的 K-d 树检索流程

的距离排序，从优先级最高的树节点开始进行回溯检查，采用 BBF(best bin first)查询机制，确保包含最邻近节点可能性高的空间优先检索。当所有在优先队列中的节点检查结束或者检查超时的时候，算法可以返回当前最好结果作为近似的最近邻。由此可将 K-d 树扩展到高维数据集中。

### 2.3.2 精确匹配

工业电视图像模糊，噪声大，匹配时容易出现较多的错误匹配对。单纯降低欧氏距离阈值 $r$ 可以降低错误匹配对，但同时匹配点大大减少，严重影响匹配效果，无法从根本上解决误配问题。相同点的 SIFT 特征向量主方向有一个，但辅方向会有一个或多个，计算时候会把它们作为不同特征点进行计算，产生多对一匹配或者重复匹配的现象。由前文检索方法得到的匹配对不能保证完全正确，因此后续需要对匹配对提纯，本书采用一致性提纯算法。

一致性提纯算法简单实用，可以使用 LMS 最小中值算法、RANSAC（RANdom Sample Consensus，随机抽样一致性）算法、M 估计法、MLESAC 算法等。由于 RANSAC 算法实现简单，性能良好，本书选择其作为提纯算法。其中心思想是将数据分为内点和外点，内点是符合模型的点，外点是不符合模型的点，通过内点进行模型参数的估计可以有效地剔除不准确的数据。具体算法如下：

① 随机选择 4 对匹配特征对进行变换矩阵的计算；

② 将匹配的特征对根据变换矩阵分成内点和外点；

③ 如果符合的特征对比当前矩阵的最优解多则更新变换矩阵；

④ 返回①重复执行，直到符合指定的迭代次数。

令 $W$ 是数据模型真实内点的概率，$n$ 为确定模型最少点数，每次估计采用 $n$ 个数据点，因此，$n$ 个点都为内点的概率为 $W^n$。若要满足经过 $N$ 次至少一次估计中所有数据点是内点的概率为 $p$，那么估计次数 $N$ 应该满足：

$$1-p=(1-w^n) \qquad N=\frac{\log(1-p)}{\log(1-w^n)} \tag{2-10}$$

可见，采样次数增加可以提高正确模型的概率。

为了排除错误匹配对，提高匹配精度，提出以下改进算法：

Step1：进行 SIFT 特征点计算，建立基于 BBF 的 K-d 树，得到匹配对后设置标志位，避免重复匹配，匹配点对为 $\{L,L'\}$。集合 $L'$ 内，通过最近距离与次近距离比求特征集 $L'$ 在 $L$ 中的匹配点得到反方向匹配映射，再取交集，删除部分错误匹配对。

Step2：建立参数投影变换模型：

$$\begin{bmatrix} x'_a \\ y'_b \\ 1 \end{bmatrix} = H \begin{bmatrix} x_a \\ y_b \\ 1 \end{bmatrix} = \begin{bmatrix} h_{11} & h_{12} & h_{13} \\ h_{21} & h_{22} & h_{23} \\ h_{31} & h_{32} & 1 \end{bmatrix} \begin{bmatrix} x_a \\ y_b \\ 1 \end{bmatrix} \tag{2-11}$$

设待匹配图像 A、B 中，$a$ 点和 $b$ 点相对应，通过投影变换矩阵 $H$ 描述旋转、缩小放大、平移和透视效果。对上式进行如下变换：

$$\begin{bmatrix} x_1 & y_1 & 1 & 0 & 0 & 0 & x'_1x_1 & x'_1y_1 \\ x_2 & y_2 & 1 & 0 & 0 & 0 & x'_2x_2 & x'_2y_2 \\ \cdots \\ x_n & y_n & 1 & 0 & 0 & 0 & x'_nx_n & x'_ny_n \\ 0 & 0 & 0 & x_1 & y_1 & 1 & y'_1x_1 & y'_1y_1 \\ 0 & 0 & 0 & x_2 & y_2 & 1 & y'_2x_2 & y'_2y_2 \\ \cdots \\ 0 & 0 & 0 & x_n & y_n & 1 & y'_nx_n & y'_ny_n \end{bmatrix} \begin{bmatrix} h_{11} \\ h_{12} \\ h_{13} \\ h_{21} \\ h_{22} \\ h_{23} \\ h_{31} \\ h_{32} \end{bmatrix} = \begin{bmatrix} x_1 \\ x_2 \\ \cdots \\ x_n \\ x'_1 \\ x'_2 \\ \cdots \\ x'_n \end{bmatrix} \tag{2-12}$$

可以看出，投影变换参数($h_{11}$，$h_{12}$，$h_{13}$，$h_{21}$，$h_{22}$，$h_{23}$，$h_{31}$，$h_{32}$)可以通过获取 4 对以上的正确匹配点对进行求解。

Step3：设共有 $N$ 个控制点对，随机选择不共线的 4 对初始匹配点，$\{(a_i, b_i), (a_j, b_j), (a_k, b_k), (a_l, b_l)\}, i, j, k, l \in [1, N]$，进行变换矩阵的计算。

Step4：利用模型估计参数推算的仿射矩阵求 $a$，$b$ 在各自对应图像中估计的匹配点 $a'$，$b'$。如果实际匹配点和估计匹配点的距离 $d(a, a')$ 和 $d(b, b')$ 都小于阈值，其中 $d(a, a') = ||a - Hb||$，$d(b, b') = ||b - H^{-1}a||$，则认为两点正确匹配，否则匹配错误。建议误差门限 6 个像素左右。

Step5：通过内点误差小于某个阈值，计算图像 A 的内点，对内点集合重复进行随机采样，当两次 RANSAC 得到的内点集合数目趋于一致时，即前后两次迭代内点数不发生变化，确定最终内点集合，并用正确匹配点重新计算估计模型的参数。

Step6：对 RANSAC 方法计算的单应变换矩阵 $H$ 进行 L-M 非线性优化迭代求最小化误差函数。$N$ 个点误差函数定义如下：

$$F(h) = \sum_{i=1}^{n} [(x'_i - x_i)^2 + (y'_i - y_i)^2] \tag{2-13}$$

上式中 $h$ 是单应变换矩阵 $H$ 的参数向量。给参数估计值 $m$ 加上修正值后进行迭代，优化算法可以很快收敛到最小，当误差 $F$ 小于某个阈值的时候停止迭代，如取 $F<0.1$。本书选择特征点坐标误差来构造误差函数，避免采用亮度误差构造带来的光照敏感性。通过重构优化参数，获得优化后的变换矩阵 $H$，最终得到精确筛选后的匹配对。

### 2.3.3 实验分析

为了验证本书改进算法匹配精度的提高，充分验证其有效性，选取淮南矿业集团顾桥煤矿连续 50 幅不同视角轨道机车视频帧在高斯噪声模糊、亮度增强、旋转缩放、部分遮挡不同环境中进行匹配。部分匹配效果如图 2-13 所示。

图 2-13(b)是在原图 2-13(a)的基础上未加任何干扰直接匹配的结果，出现大量错误匹配对，可见，直接 SIFT 匹配不适合井下高噪声低照度的环境。为了验证鲁棒性，图 2-13(c)中两幅图增加了半径为 1 像素的高斯模糊噪声，图 2-13(d)中第一幅图加强了光照效果，整体变亮，仍有较好的

(a)待匹配图

(b)原 SIFT 匹配

(c) 本书模糊匹配

图 2-13 不同环境匹配结果

(d) 本书亮度改变匹配

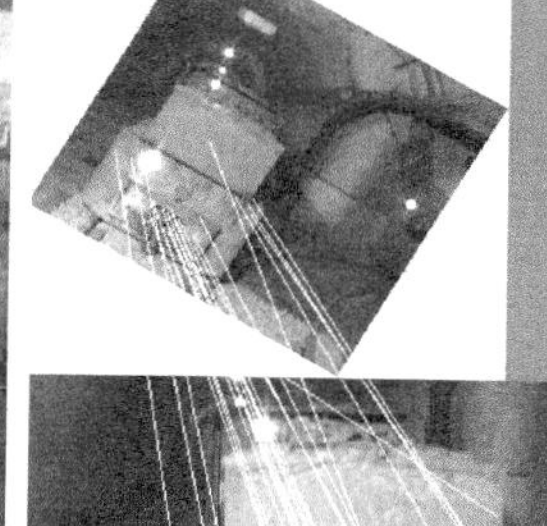

(e) 本书旋转缩放匹配　(f) 本书遮挡匹配

图 2-13(续)

匹配效果。图 2-13(e)中第一幅图顺时针旋转 30°后缩小三分之一进行匹配,图 2-13(f)中第一幅图有矿工遮挡部分机车,由于算法不需要考虑全局信息,因此有较强抗遮挡能力,效果理想。表 2-2 为视频连续 50 帧图像在原算法和本书算法匹配后正确和错误匹配对数及匹配率的结果。可见,原 SIFT 算法在模糊、亮度变化等环境中效果不理想,错误匹配对较多,改进的算法去除了重复匹配、多对一、一对多匹配,精确度在各种环境中均得到提高,具有良好的鲁棒性,匹配准确率均在 93%以上,适合煤矿复杂环境。

**表 2-2　不同阈值匹配率**

| | 高斯模糊 | | 亮度增强 | | 旋转缩放 | | 部分遮挡 | |
|---|---|---|---|---|---|---|---|---|
| | SIFT | 本书 | SIFT | 本书 | SIFT | 本书 | SIFT | 本书 |
| 正确匹配对 | 52.5 | 34.7 | 46.5 | 32.8 | 54.5 | 29.8 | 38.5 | 25.2 |
| 错误匹配对 | 18.7 | 1.5 | 15.0 | 2.1 | 12.2 | 0.8 | 13.4 | 1.1 |
| 匹配率(%) | 64.4 | 95.7 | 67.7 | 93.6 | 77.6 | 97.3 | 65.2 | 95.6 |

不同阈值和不同环境中将本书算法和 SIFT 算法进行比较，(b)～(f)为上述不同匹配环境，结果如表 2-3 所列。

**表 2-3　不同阈值匹配正确率**

| 匹配环境 | 阈值=0.5 | | 阈值=0.6 | | 阈值=0.7 | |
|---|---|---|---|---|---|---|
| | SIFT | 新算法 | SIFT | 新算法 | SIFT | 新算法 |
| (b) | 83.7 | 99.1 | 75.3 | 98.8 | 66.9 | 96.2 |
| (c) | 77.4 | 97.7 | 71.6 | 97.1 | 62.3 | 95.6 |
| (d) | 74.8 | 95.2 | 69.4 | 94.3 | 61.8 | 91.4 |
| (e) | 80.7 | 98.5 | 72.8 | 97.8 | 62.5 | 95.2 |
| (f) | 55.3 | 92.3 | 50.9 | 90.6 | 43.1 | 87.4 |

实验表明，在光照、旋转、缩放、遮挡和噪声复杂环境下，改进的算法大大提高了匹配率。SIFT 算法中将图 A 中的某个特征点与图 B 中所有的特征点计算欧氏距离，如果最近距离和次近距离的比小于指定阈值，则特征点匹配，此方法容易产生误匹配对。本书提出的新算法首先在原有匹配策略的基础上通过修改数据结构和交叉匹配方法对特征点进行了粗筛选，又通过 RANSAC 方法进行精确匹配，并用 L-M 非线性优化迭代求精来最小化误差。RANSAC 算法的引入解决了 L-M 算法对初始值敏感和优化算法不一定收敛到全局最优解的问题。本书选择特征点坐标误差来构造误差函数，避免采用亮度误差构造带来的光照敏感性。新算法适合井下照度低、噪声大、图像模糊的工作面、巷道等场景。

## 2.4　复杂环境快速匹配

### 2.4.1　降维

#### 2.4.1.1　样本主成分分析

SIFT 尺度不变特征算法可以在图像的尺度和灰度空间进行局部不变

特征检测，该算法通过 Laplace 金字塔消除尺度改变的影响，并对噪声、光线变化、仿射变化具有一定鲁棒性。但 128 维的特征向量的生成耗时过长，计算时影响了煤矿安全监控系统的实时性。本书引入统计分析中的主成分，用特征点周围矩阵区域内的点来描述该特征点，使样本主成分分析 SPCA(sample principal component analyse)降维改进后的 SIFT 特征向量维数大幅度减少，把原样本信息用互不相关的新样本信息来描述，降低了特征向量生成时间，在确保不损失原变量过多信息的前提下，尽可能降低变量维数，减少计算复杂性，避免信息的重叠。

SIFT 算法虽然适应各种仿射变换，但 SIFT 特征向量高达 128 维，严重影响了煤矿安全监控系统的实时性。本书将统计学中的样本主成分分析 SPCA，和 SIFT 结合进行降维。

设图像中每个特征点用 $p$ 个特征描述向量表示，$n$ 表示特征点个数，即维度，构成样本矩阵。通过样本主成分分析，将相互影响的 $p$ 个特征描述向量降维。过程如下：

Step1：设 $x_i = (x_{i1}, x_{i2}, ..., x_{ip})^{\mathrm{T}}, i = 1, 2, \cdots n$ 为 $X = (X_1, X_2, \cdots, X_n)^{\mathrm{T}}$ 的一个容量为 $n$ 的样本，则样本协方差矩阵为：

$$\sum = \frac{1}{n-1}\sum_{k=1}^{n}(x_k - \bar{x})(x_k - \bar{x})^{\mathrm{T}} \tag{2-14}$$

其中 $\bar{x} = (\bar{x}_1, \bar{x}_2, \cdots, \bar{x}_p)^{\mathrm{T}}, x_j = \frac{1}{n}\sum_{i=1}^{n} x_{ij}, i = 1, 2, \cdots p$。

Step2：协方差矩阵 $\sum$ 特征值为 $\hat{\lambda}_1 \geqslant \hat{\lambda}_2 \geqslant \cdots \geqslant \hat{\lambda}_p \geqslant 0$，正交单位化特征向量为

$$\hat{e}_1, \hat{e}_2, \cdots, \hat{e}_p, \hat{e}_i = (\hat{e}_{i1}, \hat{e}_{i2}, \cdots, \hat{e}_{ip}), \hat{e}_i \hat{e}_i^{\mathrm{T}} = 1, i = 1, 2, \cdots p \tag{2-15}$$

Step3：第 $i$ 个样本主成分为：

$$y_i = \hat{e}_{i1} x_1 + \hat{e}_{i2} x_2 + \cdots + \hat{e}_{ip} x_p, i = 1, 2, \cdots p \tag{2-16}$$

代入 $X$ 的 $n$ 个观测值，$x_k = (x_{k1}, x_{k2}, \cdots, x_{kp})^{\mathrm{T}}, k = 1, 2, \cdots n$，得到第 $i$ 个样本主成分 $y_i$ 的 $n$ 个观测值 $y_{ki}(k = 1, 2, \cdots n)$，即为第 $i$ 个主成分的得分。

Step4：$y_i$ 与 $y_j$ 的样本协方差 $=0, i \neq j$，样本总方差 $=\sum_{i=1}^{p}\hat{\lambda}_i$，$X$ 的第 $i$ 个样本主成分贡献率为：$\hat{\lambda}_i / \sum_{i=1}^{p}\hat{\lambda}_k (i=1,2,\cdots p)$。前 $m$ 个样本主成分累计贡献率为 $\sum_{i=1}^{m}\hat{\lambda}_i / \sum_{k=1}^{p}\hat{\lambda}_k$。

### 2.4.1.2 实验结果及分析

实验选取 320 * 240 井上工人图像，选取 11 * 11 区域内的点描述特征点，将灰度化后的区域像素灰度值作为样本特征描述向量进行样本主成分分析，结果如图 2-14 所示。

图 2-14 工人图提取特征点

**表 2-4 工人图主成分贡献率**

| 主成分 | 特征值 | 主成分贡献率/% | 累计贡献率/% |
|---|---|---|---|
| 1 | 6.418 537 42 | 0.583 5 | 0.583 5 |
| 2 | 1.441 657 12 | 0.131 1 | 0.714 6 |
| 3 | 1.265 999 57 | 0.115 1 | 0.829 7 |
| 4 | 0.638 049 75 | 0.058 | 0.887 7 |
| 5 | 0.364 887 95 | 0.033 2 | 0.920 8 |
| 6 | 0.292 848 84 | 0.026 6 | 0.947 5 |
| 7 | 0.211 360 39 | 0.019 2 | 0.966 7 |

由表 2-4 可见，降维前特征向量维数高达 121 维，前 7 个样本主成分累计贡献率已经高达 96.67%，因此这些主成分已经覆盖特征向量绝大部分信息资源。表 2-5 为样本主成分得分情况。

**表 2-5 样本主成分得分**

| 特征点 | 主成分 1 | 主成分 2 | 主成分 3 | 主成分 4 | 主成分 5 | 主成分 6 | 主成分 7 |
|---|---|---|---|---|---|---|---|
| 1 | 2.765 78 | 0.344 46 | −1.295 28 | 0.385 17 | −0.672 9 | 0.084 89 | 0.369 18 |
| 2 | 3.237 66 | 1.439 36 | −0.115 22 | −0.333 23 | −0.329 11 | −0.149 04 | 0.662 31 |
| 3 | 1.869 87 | −0.552 73 | 1.463 76 | −1.194 46 | 0.171 12 | −1.071 09 | −0.557 72 |
| 4 | 1.872 55 | −0.314 21 | −2.467 65 | 0.651 98 | 0.095 22 | −0.019 4 | 0.130 2 |
| 5 | 1.242 99 | −1.389 73 | −1.282 91 | 0.299 26 | −0.987 54 | 0.221 71 | −1.273 76 |
| 6 | 1.167 42 | −1.115 53 | −1.744 37 | 0.356 14 | 1.554 33 | −0.706 11 | 0.185 9 |
| 7 | −0.386 81 | 4.050 61 | −0.209 42 | 0.083 5 | 0.782 96 | 0.161 25 | −0.748 62 |
| 8 | −2.843 71 | −0.044 31 | 0.039 36 | −0.008 83 | −0.546 1 | −0.678 31 | −0.134 59 |
| 9 | −3.344 01 | 0.107 23 | −0.327 57 | −0.247 96 | 0.050 36 | 0.262 48 | 0.217 84 |
| 10 | −3.927 73 | 0.560 37 | 0.083 04 | −0.466 63 | −0.299 71 | 0.087 85 | 0.390 16 |

选取图 2-15 所示 300×300 井下机车图像进行实验，选取 12×12 区域内的点描述特征点。

(a) 机车原图

(b) 特征点生成

图 2-15 机车图提取特征点

表 2-6　机车图主成分贡献率

| 主成分 | 特征值 | 特征值差 | 主成分贡献率/% | 累计贡献率/% |
|---|---|---|---|---|
| 1 | 4.414 391 83 | 2.369 457 38 | 0.401 3 | 0.401 3 |
| 2 | 2.044 934 46 | 0.803 031 53 | 0.185 9 | 0.587 2 |
| 3 | 1.241 902 93 | 0.297 986 45 | 0.112 9 | 0.700 1 |
| 4 | 0.943 916 47 | 0.229 113 05 | 0.085 8 | 0.785 9 |
| 5 | 0.714 803 43 | 0.298 224 24 | 0.065 | 0.850 9 |
| 6 | 0.416 579 19 | 0.010 509 82 | 0.037 9 | 0.888 8 |
| 7 | 0.406 069 37 | 0.100 422 22 | 0.036 9 | 0.925 7 |
| 8 | 0.305 647 15 | 0.064 458 48 | 0.027 8 | 0.953 5 |

由表 2-6 可以看出，特征向量维数高达 144 维，但前 8 个主成分已经覆盖特征向量绝大部分信息，样本主成分累计贡献率高达 95%，因此可以用前几个互不相关主成分信息代替。实验可知，将 SIFT 和样本主成分结合，可以大幅度减少特征向量维数，提高匹配效率。

图 2-16 是量煤器中降维后特征向量匹配结果图，可见，在提高匹配速度的同时，匹配准确度并无影响。

图 2-16　特征向量匹配

### 2.4.2 单摄像机匹配

匹配点过多匹配精确但运算时间过长,匹配点少运算快但匹配效果不理想。因此希望既能减少匹配特征点又能得到良好的匹配效果。SIFT 描述子数据总数太高,在匹配时会严重影响视频信息的实时处理,特别是井下特殊环境,视频传输的实时性在煤矿安全生产中的作用尤其突出。图 2-17(a)中两幅图各有 646 499 个特征点,原 SIFT 算法中每个特征点种子个数至少为 16,每个种子都有 8 个方向向量信息,所以两幅图描述子的数据最少是 646×128=82 688 个和 499×128=63 872 个。对于相机做平移运动的情况,图像匹配可以通过减少行、列坐标的搜索范围提高匹配率。

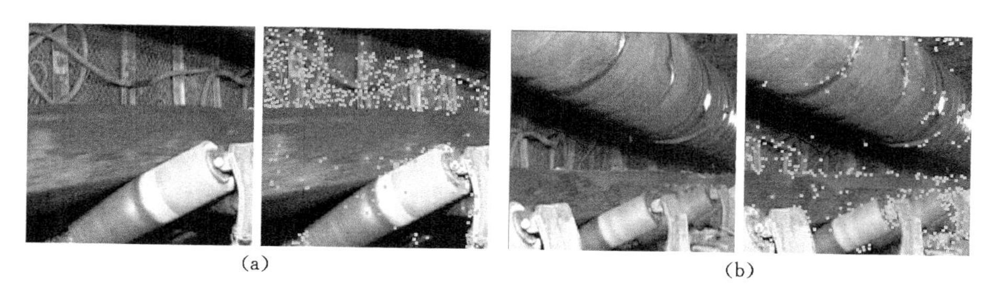

(a) (b)

图 2-17 特征点

SIFT 算法在特征匹配时需要对所有特征向量进行计算,选择只对图像特征点在主方向附近变化的特征向量进行匹配。假设 $\theta$ 是特征向量的方向夹角,$\theta_l$ 是第一幅图像 $A$ 某点的方向,$\theta_k$ 是第二幅图像 $B$ 某点方向,当 $|\theta_l-\theta_k|<\theta+\alpha$,其中 $\alpha$ 是向量方向夹角 $\theta$ 可以变化的范围。然后用欧氏距离求最小值和次小值的比,如小于某阈值(如 0.3),将具有最小距离的点作为匹配点。

对于平移运动,相机运动时,由于受相机抖动或采煤时震动的影响,特征点的行坐标会出现一定程度的位移,但相邻两帧的图像特征点的位移相差很小,设 $\beta$ 表示误差波动的范围,图像 $A$ 中特征为($X_a$,$Y_a$),图像 $B$ 中特征点为$(X_b,Y_b)$，$Y_b$的取值范围应该位于$[Y_a+\beta,Y_a-\beta]$区间，搜索范围于是由所有行缩小到$[Y_a+\beta,Y_a-\beta]$区间。在正常井下相机抖动情况下可以取$\beta$小于40，很好地缩小了搜索行的范围。将水平移动相机获得的两图在同一坐标下重叠，列坐标存在$Y_b<Y_a$成立，$Y_b\in[1,Y_a]$。

在320×240的图像中，设$\beta$为40，则行的范围从[1,240]减到$[i-40,i+40]$，行方向上缩小了4倍列方向又缩小3倍，则搜索范围共缩小12倍，从而缩短匹配时间。用不同算法取井下视频连续的2 321～2 370帧图像进行实验，花费时间如图2-18所示。

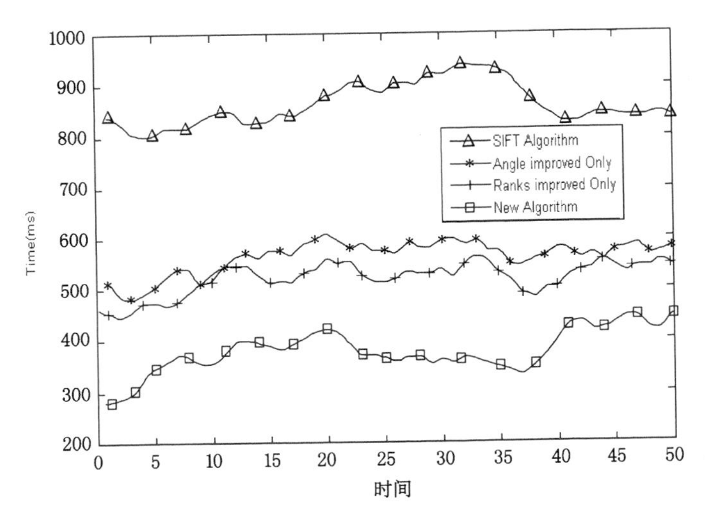


图2-18　不同算法匹配时间实验结果

### 2.4.3　多摄像机匹配

煤矿远程智能视频监控系统利用光纤以太环网技术将井下现场工矿情况通过工业电视图像传输至井上，生产管理人员能及时了解煤矿安全生产情况，方便调度指挥。在危险区域经常部署多个摄像机扩展采集区域，如何在不同摄像机之间进行协同工作、目标匹配和数据融合是亟须解决的热点问题。由于采用不同摄像机观察目标，摄像机参数设置有可能不同，此外视角、场景也不同，还可能存在遮挡问题，从而进一步增加了检测匹配的难度。针对井下复杂环境，本书建立了目标检测匹配系统结构。

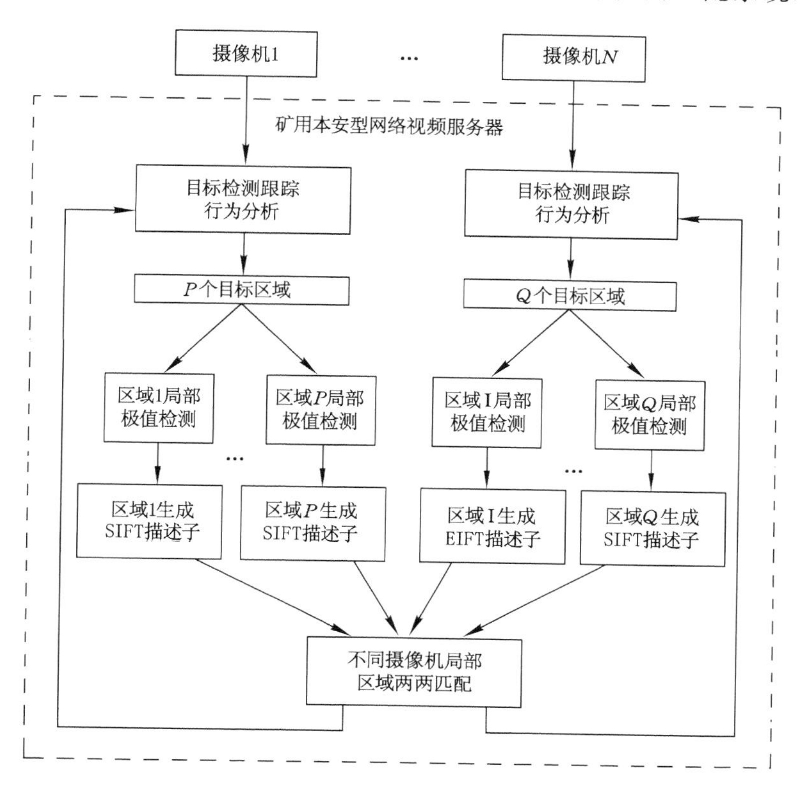


图 2-19　危险区域目标检测系统结构

在该系统中，在危险区域放置矿用本安型光纤摄像机，每一个摄像机都可以和视频服务器相互通信，不需重新部署新的智能摄像机。多媒体计算机终端可以调整全方位云台上、下、左、右移动以及摄像机焦距、光圈等信息，通过视频矩阵切换器、视频卡同云台控制系统和光纤工业电视系统连接，对视频图像进行采集和压缩，采集的图像传到后台服务器后由服务器进行运动区域判别，每幅图像提取若干个运动区域，在目标区域之间使用本书算法提取特征，两两匹配，通过对匹配结果进行分析，进一步跟踪目标并进行行为分析。

根据上文分析，在匹配过程中，用所有特征点进行匹配严重影响了系统的实时性，特别是当井下危险区域有人员闯入时，需要及时联动报警，监控系统的实时性尤其重要，所以，对于井下人员跟踪可以采用只对运动目标区域进行匹配，以减少匹配特征点总数从而提高匹配速度。多摄像机之间的目标匹配可以实现一个摄像机将运动目标特征传递给另一个摄像机，然后进行目标匹配，实现摄像机之间的匹配，这种智能化的摄像机也是当前科研领域研究的热点。

局部区域匹配通过自适应高斯背景建模提取前景运动区域，去除不关心的背景区域，缩小了匹配范围。同一场景中可能有多个运动目标存在，因此匹配时需要各个目标间相互匹配，匹配度最高的两个区域即为匹配目标。将摄像机 $X$、$Y$ 中的各个目标区域中检测到的描述子加入链表 $L_X$、$L_Y$ 中，假设 $X$ 中有 $P$ 个目标，任意目标区域描述为 $R_i$，$Y$ 中有 $Q$ 个目标，任意目标区域描述为 $R_j$，需要在两幅图的$\{1,2,\cdots,P\}$和$\{1,2,\cdots,Q\}$区域之间进行两两匹配，设匹配度为 $MDgree_{ij}(i\neq j, i\in(1,P), j\in(1,Q))$，初始值为0，如果区域 $R_i$ 中的描述子 $m$ 在区域 $R_j$ 中找到匹配的描述子 $n$，则匹配度 $M_{ij}+1$，直到所有描述子都被遍历，可以得到两幅图中任意两个目标区域之间的匹配度，选择匹配度最大的目标区域作为匹配结果。匹配后若发现同一目标存在不唯一的匹配区域，则选取特征点总数相似者为最终匹配区域。

#### 2.4.3.1 运动目标提取方法

为了减小匹配区域，提高匹配效率，本书采用仅对运动目标进行匹配的方式。目前，运动检测常用的方法有时间差分法、背景差分法、光流法等。

(1) 时间差分法：图 2-20(a)、图 2-20(b)分别为视频32,33帧，通过两帧相减，较好地显示出运动目标的轮廓，如图 2-20(c)所示。但当目标运动缓慢或很快时则目标轮廓显示不清，如图 2-20(d)、图 2-20(e)所示，若完全静止下来则检测不出目标。此外，该方法在运动物体内部会产生空洞现象。

(2) 背景差分法:图 2-20(f)为背景图像,图 2-20(g)、图 2-20(h)分别为检测出的前景区域和前景目标。但对光照、天气变化等外部动态场景变化极其敏感,如图 2-20(h)中有阴影出现,图 2-20(i)中有光照射到墙壁上,则检测出的前景区域和前景目标如图 2-20(j)、图 2-20(k),效果非常不理想,因此必须更新背景模型。

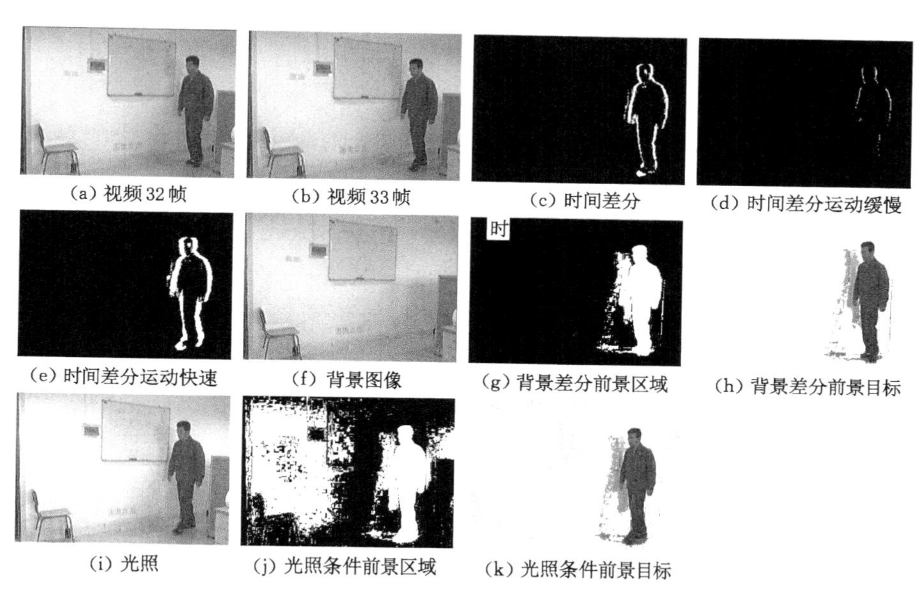

(a) 视频32帧　(b) 视频33帧　(c) 时间差分　(d) 时间差分运动缓慢

(e) 时间差分运动快速　(f) 背景图像　(g) 背景差分前景区域　(h) 背景差分前景目标

(i) 光照　(j) 光照条件前景区域　(k) 光照条件前景目标

图 2-20　各种运动目标检测方法比较

(3) 光流法:光流法在摄像机运动时也可以检测出运动目标。但是由于光照变化、噪声、遮挡和阴影等环境存在,导致光流场的分布并不可靠,并且算法实现相当复杂,实时检测异常困难,除非有相应硬件进行支持。

#### 2.4.3.2　背景模型建立

在实际环境中,背景会随着时间的推移发生微弱或明显的变化,比如光照亮度逐渐或者突然变化,树叶随风抖动,背景移动等。相对而言,背景减算法思想简单、容易实现,但图 2-20(i)中光线变化时,可以看出背景差法的局限性。如果一直使用原始的背景模型，会产生比较大的误差，需要及时更新以解决背景随场景的变化。本书力求通过背景模型重建来提高运动物体的准确性和精确性，采用固定阈值适应不了环境中的光照变化，因此，对于光照缓慢变化的现象，我们采用改进的自适应在线高斯混合模型来检测运动目标。

对于图像平面上的某位置点 $i$，其历史数据记为$\{X_1,X_2,\cdots,X_{t-1}\}$，像素点的特征通过 $K$ 个高斯分布来描述，背景的渐变通过在线更新来表征。由于 $K$ 值过小会使生成的背景效果不好，过大可以描述更为复杂的场景，但增加了计算时间，所以本书程序中选 $k=7$ 建模。$t$ 时刻的观测概率分布估计公式如下：

$$P(X_t)=\sum_{i=1}^{K}\omega_{i,t-1,k}\times\eta_k(x_{i,t},\mu_{i,t-1,k},\sum\nolimits_{i,t,k})\tag{2-17}$$

其中，$\omega_{i,t-1,k}$ 为 $t-1$ 时刻第 $k$ 个高斯分布的权值；$\eta_k$ 为第 $k$ 个高斯分布的概率密度函数；$u_{i,t-1,k}$ 为高斯分布的均值向量；$\sum_{i,t,k}$ 为协方差矩阵，$\sum_{i,t,k}=\sigma_{i,t,k}^2 I$。在线高斯混合模型通过观察样本实时更新权值 $\omega$、均值 $u$ 和方差 $\sigma^2$。将 $K$ 个模型根据概率由大到小进行排队，排在前面的高斯模型代表背景，后面的代表前景。将下一帧该位置像素的亮度值分别和 $K$ 个模型进行匹配，从而判断出其属于前景还是背景，根据匹配结果更新模型。

取匹配度最大值的模型作为被匹配的高斯模型，计算量相当大，不利于实时处理。匹配时的困难性主要体现在既要求出新输入的像素亮度的值在某模型中的概率，同时又要知道各个高斯模型出现的概率。某高斯模型出现的概率可近似用它的权值 $\omega$ 表示，$\omega$ 越大则代表这个模型更容易与较多的观测值匹配，方差越小则代表这个模型更稳定，它的正态分布曲线更典型，因此由于匹配算法会占用大量的时间，所以可以采用近似算法，将高斯分布按 $\omega/\sigma$ 由小至大排列，选择 $\mu_{i,t-1,k}$ 和 $x_{i,t}$ 足够接近的第一个高斯分布作为匹配的高斯分布，即 $|x_{i,t}-\mu_{i,t-1}|^2<(\beta\sigma)^2$。

根据当前像素与 $K$ 个高斯分布相匹配的结果对模型进行更新。对于

未匹配上的模型，其均值和方差应保持不变，而匹配成功的第 $i$ 个模型按下列方式更新

$$u_{i,t} = (1-\alpha)\mu_{i,t-1} + \alpha X_{i,t}, \sigma_{i,t}^2 = (1-\alpha)\sigma_{i,t-1}^2 + \alpha(X_{i,t}-\mu_{i,t-1})^T(X_{i,t}-\mu_{i,t-1})$$

$$\omega_{i,t,k} = (1-\alpha)\omega_{i,t-1,k} + \alpha M_{i,t,k} \quad (2\text{-}18)$$

式中，$\alpha$ 为学习速率，它反映了当前像素融入背景模型的速率。$M_{i,t,k}$ 是一个标志函数，当 $n = i$，表示当前观测值与第 $i$ 个高斯模型匹配，$M_{i,t,k} = 1$，该高斯模型的权值增量为 $\alpha(1-\omega_{i,t-1,k}) > 0$，否则 $M_{i,t,k} = 0$。高斯模型的权值增量为 $-\alpha(\omega_{n,t-1,k}) < 0$，调整后的 $K$ 个高斯模型权值和仍为 1。

学习常数 $\alpha$ 较大时，场景中运动的物体如果速度太慢，前景很快会消融到背景中从而容易被误认为是背景。如果过小，则背景提取花费的时间会太长。当物体移动速度较快时学习常数要大于移动慢的学习常数。下面来解决如何自适应地选取 $\alpha$ 的问题。

采用 $320 \times 240$ 大小图像，把每个图片分成小块来计算同一块两帧间的变化，因此可以分成 $40 \times 30$ 个小块，当帧间亮度变化超过阈值 $T$ 的时候降低 $\alpha$。即求出符合 $|Y_{i,j,t} - Y_{i,j,t-1}| > \lambda(\sum_{i=0}^{7}\sum_{i=0}^{7} Y_{i,j,t})/256 + (\sum_{i=0}^{7}\sum_{i=0}^{7}|Y_{i,j,t} - Y_{i,j,t-1}|)/256$ 的像素的个数，若超过阈值 $T$ 则认为出现运动目标，降低 $\alpha$，从而更好地提取出运动物体。

图 2-21(a)所示是通过改进的混合高斯模型建模后的背景模型，图 2-21(b)是光照环境下的图像，图 2-21(c)和图 2-21(d)分别是 Kalman 滤波器和固定 $\alpha$ 检测的结果，图 2-21(e)是本书算法检测后的结果，图 2-21(f)是形态学进一步平滑腐蚀膨胀消噪后提取的目标。通过比较可以看出，本书算法提取出的目标效果更好，噪声更小。

#### 2.4.3.3 阴影检测

阴影是光线被目标遮挡而在场景上形成的暗区域，它的存在影响了系统提取目标的准确度，在上面提取出目标之后会有阴影存在，因此下一步要去除阴影。阴影分为可见阴影和不可见阴影两种，前者容易被人眼观

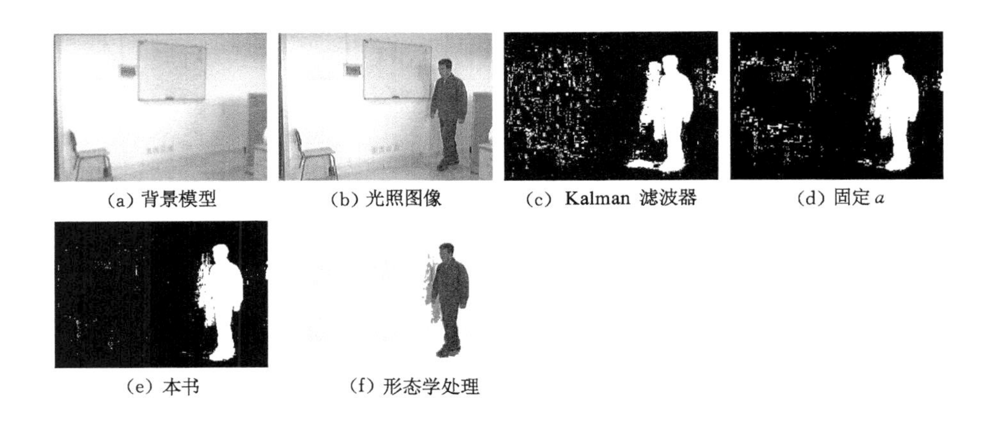

(a) 背景模型　(b) 光照图像　(c) Kalman 滤波器　(d) 固定 $a$

(e) 本书　(f) 形态学处理

图 2-21　光照变化环境目标提取

察到，而后者则不易发现。本书根据颜色模型特性对两种不同的阴影分别利用不同的颜色模型去除。

$HSV$ 颜色空间中 $H$ 是指颜色在色谱中的主波长，即色调；$S$ 是指颜色纯度即饱和度；$V$ 是亮度；$HSV$ 能够直观地描述颜色。它重要的特点在于亮度分量和色度、饱和度分开。在需要获得物体色彩方面的特性时，要了解它在色彩空间的聚类特性。由于亮度分量的大小受光照的影响，因此要想获取更好的效果，可以只使用色度、饱和度反映色彩本质特性，进行聚类分析。

$RGB$ 转换成 $HSV$ 公式：

$$H=\cos^{-1}\frac{(R-G)+(R-B)}{2\sqrt{(R-G)^2+(R-B)(G-B)}}\quad(B\leqslant G)$$

$$H=2\pi-\cos^{-1}\frac{(R-G)+(R-B)}{2\sqrt{(R-G)^2+(R-B)(G-B)}}\quad(B>G)\tag{2-19}$$

$$S=1-\frac{3}{R+G+B}MIN(R,G,B)\qquad V=\frac{R+G+B}{3}$$

以上式可以看出，$HSV$ 彩色空间的 $H$ 通道和 $S$ 通道对比较暗的区域产生的反射光不敏感，而 $V$ 通道对这样的区域比较敏感。

逆变换：

当 $H\geqslant 0$ 并且 $H\leqslant \frac{2\pi}{3}$时，

$$R=V\times\left[1+\frac{S\times\cos H}{\cos\left(\frac{\pi}{3}-H\right)}\right]\quad B=V\times(1-S)\quad G=3V-B-R$$

当$\frac{2\pi}{3}\leqslant H\leqslant \frac{4\pi}{3}$时，

$$G=V\times\left[1+\frac{S\times\cos\left(H-\frac{2\pi}{3}\right)}{\cos(\pi-H)}\right]\quad R=V\times(1-S)\quad B=3V-G-R$$

当$\frac{4\pi}{3}\leqslant H\leqslant 2\pi$ 时，

$$B=V\times\left[1+\frac{S\times\cos\left(H-\frac{4\pi}{3}\right)}{\cos\left(\frac{5\pi}{3}-H\right)}\right]\quad G=V\times(1-S)\quad R=3V-G-B$$

$YCbCr$ 颜色模型中 $Y$ 表示亮度，$Cb$ 和 $Cr$ 共同描述图像的色调，其中 $Cb$、$Cr$ 分别为蓝色分量和红色分量相对于参考值的坐标。$YCbCr$ 模型中的数据可以是双精度类型，但存储空间为 8 位无符号类型数据空间，且 $Y$ 的取值范围为[16，235]，$Cb$ 和 $Cr$ 的取值范围为[16，240]。$YCbCr$ 与 $RGB$ 彩色空间变换关系如下：

$$\begin{bmatrix}Y\\Cb\\Cr\end{bmatrix}=\begin{bmatrix}0.299 & 0.587 & 0.114\\0.500 & -0.4187 & -0.0813\\-0.1687 & -0.3313 & 0.500\end{bmatrix}+\begin{bmatrix}R\\G\\B\end{bmatrix}+\begin{bmatrix}0\\128\\128\end{bmatrix}$$

$$\begin{bmatrix}R\\G\\B\end{bmatrix}=\begin{bmatrix}1 & 1.402 & 0\\1 & -0.34414 & -0.71414\\1 & 1.772 & 0\end{bmatrix}\begin{bmatrix}Y\\Cb-128\\Cr-128\end{bmatrix}\tag{2-20}$$

下面来看一下不同彩色空间中阴影的特性。彩色通道具有以下特性：

$$Cb(R+\Delta l,G+\Delta l,B+\Delta l)=Cb(R,G,B),Cr(R+\Delta l,G+\Delta l,B+\Delta l)=Cr(R,G,B)\quad \Delta l<0$$

$$H(mR,mG,mB)=H(R,G,B),S(mR,mG,mB)=S(R,G,B)\quad 0<m<1$$

$\Delta l$ 为变化的强度值，当图像中像素处于不可见的阴影区域时，强度值和以前发生的变化不大，人眼不容易察觉。当像素处于可见阴影区域的时候，像素强度值变化较大，阴影强度成倍减小，人眼容易观察，因此 *Cb*、*Cr* 彩色通道容易消除不可见阴影。*H*、*S* 彩色通道比较容易消除可见阴影。

图 2-22 和图 2-23 分别是可见阴影和不可见阴影不同颜色模型去除的实验结果。图像分别为 320×240，240×240 大小。图 2-22(a)～(f)分别是原始图，*RGB*、*XYZ*、*HSV*、*LAB*、*YCbCr* 颜色模型去除阴影的结果。

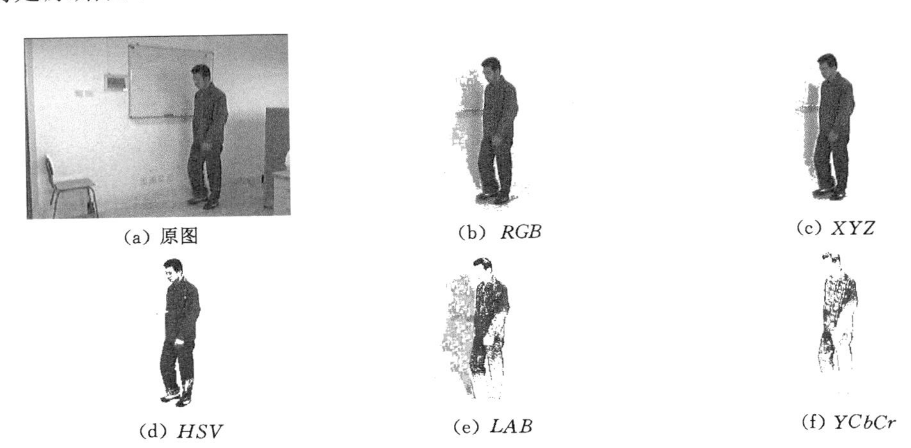
(a) 原图　(b) *RGB*　(c) *XYZ*
(d) *HSV*　(e) *LAB*　(f) *YCbCr*

图 2-22　可见阴影不同颜色模型去除

从结果可以看出，对于可见阴影，*RGB*、*XYZ*、*LAB* 颜色模型消除效果很差，*YCbCr* 颜色模型虽然消除阴影，但目标已变得模糊，*HSV* 效果最好，对于不可见阴影，*YCbCr* 的效果明显优于其他颜色模型。

2.4.3.4　多摄像机匹配实验及分析

(1) 实验 1

在实验室环境中使用 2 台 HD-720QP 带云台摄像机(25 帧/s)从不同视角拍摄，在 2G 内存、2.4G HZ CPU、Windows XP SP2、编程环境为 Matlab 2018b 的计算机上试验，图像大小为 320×240。两个摄像机由于视角和配置参数不一样，亮度存在一定差异。笔者模拟井下光照不均，噪

(a) 原图　(b) *RGB*　(c) *XYZ*

(d) *HSV*　(e) *LAB*　(f) *YCbCr*

图 2-23　不可见阴影不同颜色模型去除

声和模糊的环境，通过高斯背景建模和阴影去除技术提取前景运动目标区域后，根据本书提出的区域匹配算法仅对摄像机 1 和摄像机 2 中的 2×2＝4 个区域进行匹配，如图 2-24 所示。

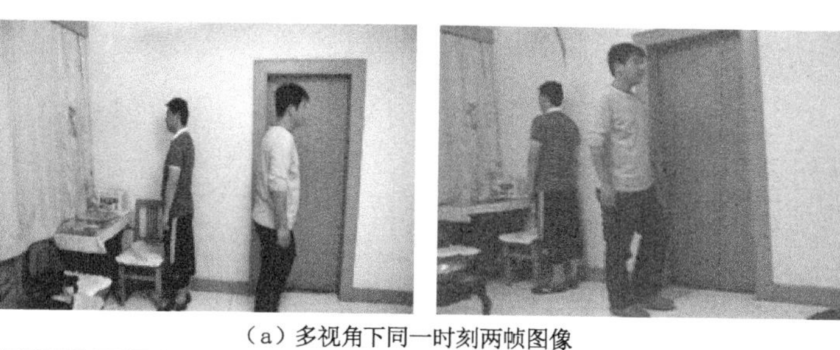

(a) 多视角下同一时刻两帧图像

(b) 目标提取

图 2-24　室内多摄像机匹配

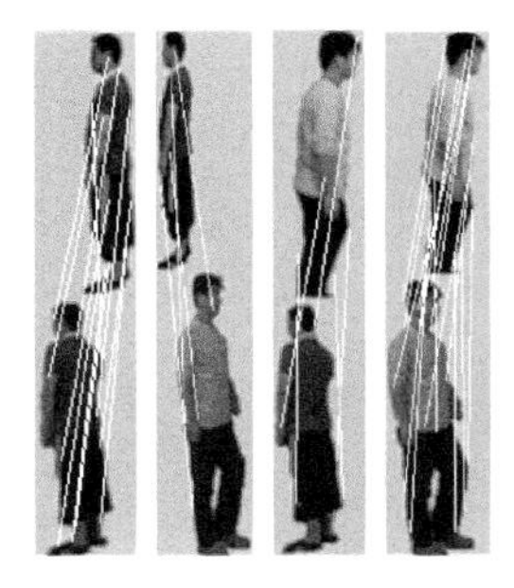

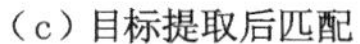

（c）目标提取后匹配

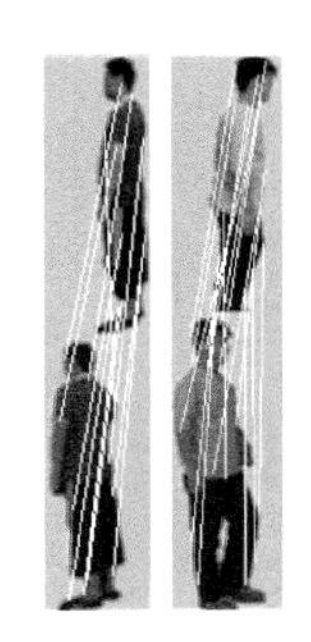

（d）匹配结果

图 2-24（续）

图 2-24 中两幅图像各有 2 个匹配区域，因此容易判断正确的目标对象。摄像机 1 中的 R1 和摄像机 2 中的 R1，R2 进行匹配，摄像机 1 中的 R2 和摄像机 2 中的 R1，R2 进行匹配，匹配度分别是 11、4、5、14，匹配度最高者即为相同目标。平均每帧节省时间 336 ms。新方法进行匹配很好地解决了使用 SIFT 特征直接进行匹配时数据量巨大的缺点，特别是当场景复杂，运动目标较小的情况下，效果更加明显。

从视频中选取连续 10 帧进行检测，结果如表 2-7 所列。

**表 2-7　多摄像机匹配实验结果**

| 算法 | 全局匹配 | | 改进的区域匹配 | |
|---|---|---|---|---|
| 帧数 | 特征对 | 时间/ms | 特征对 | 时间/ms |
| 1 | 92 | 660 | 30 | 318 |
| 2 | 89 | 624 | 27 | 297 |
| 3 | 91 | 643 | 28 | 308 |
| 4 | 85 | 612 | 26 | 294 |
| 5 | 82 | 605 | 25 | 289 |
| 6 | 88 | 621 | 27 | 302 |
| 7 | 90 | 636 | 30 | 321 |
| 8 | 94 | 681 | 32 | 327 |
| 9 | 92 | 667 | 29 | 313 |
| 10 | 95 | 705 | 31 | 322 |

（2）实验 2

煤矿井下实验数据采集自淮北桃园矿监控视频，帧速为 30 帧/s，使用带云台转动 KBA6 矿用本安型网络摄像仪和 KJF37 矿用本安型网络视频服务器。井下监控现场照度低噪声高、图像模糊，同时伴有遮挡。在提取目标之前需要先进行增强处理，匹配结果如图 2-25 所示。

本书算法不依赖与颜色特性和摄像机标定参数，区域匹配后，匹配度分别是 13、3、5、15，得到最终匹配结果如图 2-25(d)所示。左边矿工身体部分被运煤车遮挡，但仍可以获得正确的匹配结果。

(a)多视角下同一时刻两帧图像

(b) 图像增强

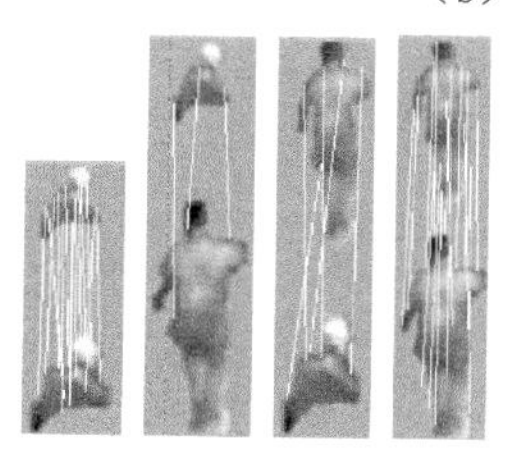

(c)目标提取后匹配

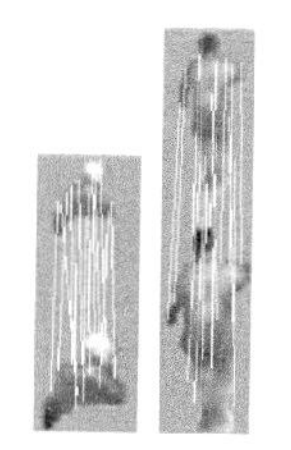

(d)匹配结果

图 2-25 井下多摄像机匹配

## 2.5 本章小结

煤矿生产中，由于煤矿工人的失误直接或间接造成的安全事故占总事故的70%～90%。本书针对煤矿粉尘多、温度高、湿度大、照度低的环境构建危险区域目标检测模型，对危险区域工人或机车在多摄像机多视角环境中实时匹配跟踪，联合预警，可将后期事故处理转为前期预防。

SIFT算法对旋转、尺度缩放等具有不变性，不依靠颜色和运动信息，但高维向量和井下恶劣的环境严重影响了煤矿安全监控系统的实时性和匹配精确性。本章通过研究基于Curvelet的图像去噪算法，提出了改进的WCSCurvelet去噪方法，提高了图像的*PSNR*值，降低了伪Gibbs现象和振铃效应，更好地保留了图像的高频细节和图像纹理。为了减少计算量，将统计分析中样本主成分分析引入SIFT特征向量降维中；将改进的K-d树用于特征点匹配搜索，提高了搜索效率；用RANSAC方法进行精确匹配，并用L-M非线性优化迭代求精来最小化误差。RANSAC算法的引入解决了L-M算法对初始值敏感和优化算法不一定收敛到全局最优解的问题。对于平移运动的摄像机，在允许摄像机抖动情况下从角度和行列方向及区域选择上进行改进，缩小匹配范围，减少匹配特征点的数量。建立了目标检测匹配系统结构，将多摄像机环境下不同视角的运动目标匹配应用在危险区域运动目标跟踪上，有助于对违纪工人或违规操作的机车进行实时匹配和跟踪，通过结合报警联动系统，可以很好地推动煤矿井下安全生产的开展。

WCSCurvelet算法实施简单，由后台服务器检测匹配，不需添加或更换现有设备，目标无须在同一水平面，对刚性、非刚性目标无要求，适应不同视角及井下照度低、噪声大、图像模糊的工作面、巷道等场景。实验表明，改进算法对旋转、模糊、缩放、遮挡、噪声等情况均具有良好的鲁棒性，提高了匹配效率，减少了匹配时间。

# 3 煤矿复杂环境视频拼接

视频图像拼接是计算机视觉领域的热点研究领域，指根据图像重叠部分，将2张或多张图像拼合成一张全景图。图像拼接技术目前在地理信息系统、视频检索、医学图像分析、图像合成、三维重建等领域有着广泛的应用。

为了保障煤矿安全生产顺利进行，视频监控系统发挥着重要的作用。普通摄像机同一场景只能局部成像，比人眼视场范围小，目前主要通过鱼眼镜头、全景环形透镜和拼接3种方式扩大视野范围，以获取宽视角信息。但前两种成像有畸变且分辨率低、价格昂贵，拼接利用普通摄像机拍摄的系列图片进行配准、拼接，应用前景良好。视频拼接可以对多帧视频图像进行组合，增大视野范围，有助于大场景中的目标检测和跟踪。井下特定环境决定了图像存在着人工照明光照不均、粉尘多噪声大、可分变性差的特点，给图像拼接带来了难度，因此有必要对煤矿井下视频图像拼接进行研究。拼接主要受以下因素影响：① 亮度差异大，光照不均匀；② 背景噪声较高；③ 相邻图像高度、角度不同且存在旋转和平移；④ 图像之间重叠部分过少。因此需要一种精度高、运算速度快、抗光照和噪声的匹配融合算法。

本章内容旨在解决现有算法需要人工排序、复杂环境容易误匹配、接缝明显等现象，建立基于煤矿的自动拼接算法，提取视频部分关键帧用于匹配，利用相位相关法实现自动排序，快速粗估计缩小匹配区域，并利用降维后的尺度不变特征向量进行特征匹配，结合提升小波实现多频带融合，适应井下广泛存在的噪声大、光线变化、模糊以及旋转等情况，在保证匹配精度的同时保证了拼接效率。

## 3.1 匹配预处理

由于相邻帧重叠率极高，视频帧拼接时如直接运用拼接技术，会导致计算量严重增加，而实际上只需满足一定重叠率即可，因此通过提取部分重要拼接帧可减少帧数，提高拼接速度。有学者通过计算相邻两帧重叠区域或匹配特征点个数检测重叠率决定是否抛弃该帧，但此方法采样严重耗费了计算时间，因为大部分检测帧都是无效的。

煤矿相机运动主要是平移、摇动和俯仰等运动形式的线性叠加。在短时间内，可以用分段线性模型描述重叠率和帧的关系。假设帧长宽各为 $L$，$W$，为了自适应图像旋转缩放，对于重叠率的计算本书不选用基于全局运动矢量的块搜索方法，而是采用基于特征点的方法。

① 平移运动。如图 3-1 所示，设帧 $F_p$ 和 $F_q$ 为两拼接帧，前后两帧时间间隔为 $\Delta T$，待拼接帧之间间隔 $N$ 帧，则平移运动中短时间内相机可以看作以速率 $V$ 进行匀速运动，假设运动方向和水平面夹角是 $\theta$，令 $S=VN\Delta T$，则重叠区域比率

$$Ratio=(L\times W-W\times S|\cos\theta|-L\times S|\sin\theta|+S|\sin\theta|\times S|\cos\theta|)/AREA(F_p) \tag{3-1}$$

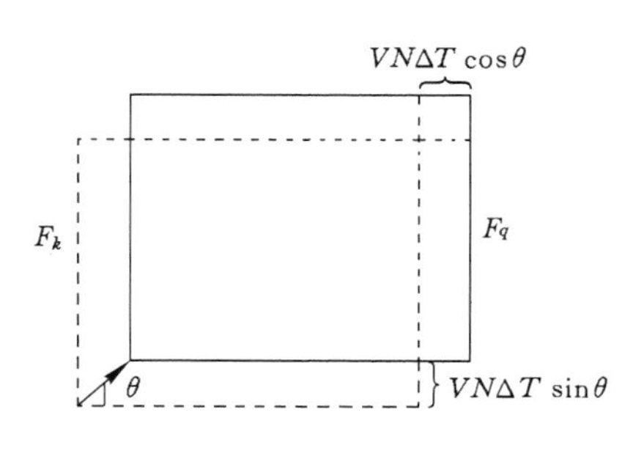


图 3-1　平移时重叠率计算

由于时间间隔 $N\Delta T$ 取值很小，因此 $N\Delta T$ 远小于帧的长和宽。

$$Ratio\approx(L\times W-W\times S|\cos\theta|-L\times S|\sin\theta|)/AREA(F_p)$$

$$=1-(W|\cos\theta|+L|\sin\theta|)\times S/L\times W \tag{3-2}$$

在短时间 $N\Delta T$ 内，$\theta$ 和 $V$ 可认为不变，帧间隔 $N$ 不断增加时，重叠率 $Ratio$ 均匀减少，是 $N$ 的线性函数。

② 摇动或俯仰运动。假设相机摇动角速度为 $\omega$，图像长度和摄像机形成的视角大小为 $\alpha$，如图 3-2 所示，则两待拼接帧重叠比率

$$Ratio=1-\omega N\Delta T/2\sin(\alpha/2) \tag{3-3}$$

同样，在短时间 $N\Delta t$ 内，$\omega$ 和 $\alpha$ 可以认为不变，因此帧 $F_p$ 和 $F_q$ 重叠比率 $Ratio$ 也是 $N$ 的线性函数。俯仰运动类似摇动，本书不再复述。当 $Ratio$ 在某一范围内并且两帧匹配点数满足一定阈值的时候可以认为该帧是有效拼接帧，否则舍弃该帧。

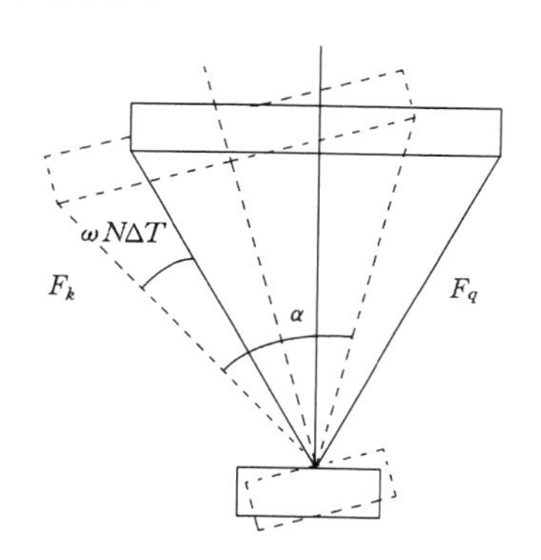


图 3-2 摇动时重叠率计算

## 3.2 相位相关粗匹配

根据是否给定初始条件将图像配准分为基于特征的方法和直接方法。基于特征的方法通过找到的特征匹配建立变换矩阵进行配准，直接匹配方法是先给定初始值，然后利用初始值不断迭代进行配准计算。

当待拼接图像为乱序图像时，为了避免拼接时手工排序易错且耗时的问题，有人提出解决方法，但前者要求图像大小一致，后者需要人工选择阈值来判图像是否重叠，不具备自适应性。本书利用每幅图与其余图像

的归一化功率谱大小作为相关度多少，将逆傅立叶变换后的冲激函数峰值大小作为相关度的多少实现自动排序。

信号在时域的卷积和时移分别对应频率域的相乘和线性相移，根据傅立叶变换的移位性质，利用相位相关法中互功率谱相位信息实现匹配。此方法灰度信息依赖较小，对噪声和照度变化有较强鲁棒性。原理如下：

设图像为 $p_1(x,y)$，$p_2(x,y)$，两图变换的平移运动模型为：$p_1(x,y)=p_2(x-\Delta x,y-\Delta y)$，$\Delta x$，$\Delta y$ 为平移变量。其进行傅立叶变换分别为 $P_1(u,v)$，$P_2(u,v)$，由移位特性得：

$$P_2(u,v)=\mathrm{e}^{-\mathrm{j}2\pi(u\Delta x+u\Delta y)}\cdot P_1(u,v) \tag{3-4}$$

互功率谱定义为：

$$\frac{P_1^*(u,v)P_2(u,v)}{|P_1^*(u,v)P_2(u,v)|}=\mathrm{e}^{-\mathrm{j}2\pi(u\Delta x+u\Delta y)} \tag{3-5}$$

$P_1^*$ 是 $P_1$ 的复共轭。反傅立叶变换得到冲激函数：

$$F^{-1}[\mathrm{e}^{-\mathrm{j}2\pi(u\Delta x+u\Delta y)}]=\delta(x-\Delta x,y-\Delta y) \tag{3-6}$$

冲击函数峰值高低描述了 $p_1$，$p_2$ 相关性的大小，范围为[0,1]。实验素材取自淮北桃园煤矿皮带和调度站监控视频，由 KBA6 矿用本安型网络摄像仪拍摄。

图 3-3 中图(a)和图(b)为原始图，图(f)是归一化冲激函数能量分布图，峰值大小取决于重叠区域多少，位置确定了图像之间的平移运动参数。图(c)和图(d)分别加上方差为 10 的高斯噪声，图(d)同时增加了光照，由图(g)可见，当遇到噪声光照干扰时，冲激函数最大峰值仍旧稳定，同时将单一峰值转为分布的小峰值。图(e)在图(d)的基础上又增加了旋转和高斯模糊效果，由图(h)可见，峰值仍旧具有较强鲁棒性。

图 3-4 中(a)和(b)为井下巷道视频中两帧，(d)是其归一化冲激函数能量分布图，(d)中(a)、(b)图像之间的平移运动参数决定峰值的位置，重叠区域多少决定峰值的大小。(c)对(b)增加了光照、噪声并旋转较小角度，图(e)是(a)、(c)的冲激函数能量分布，由图(e)可见，(d)中单一峰值转

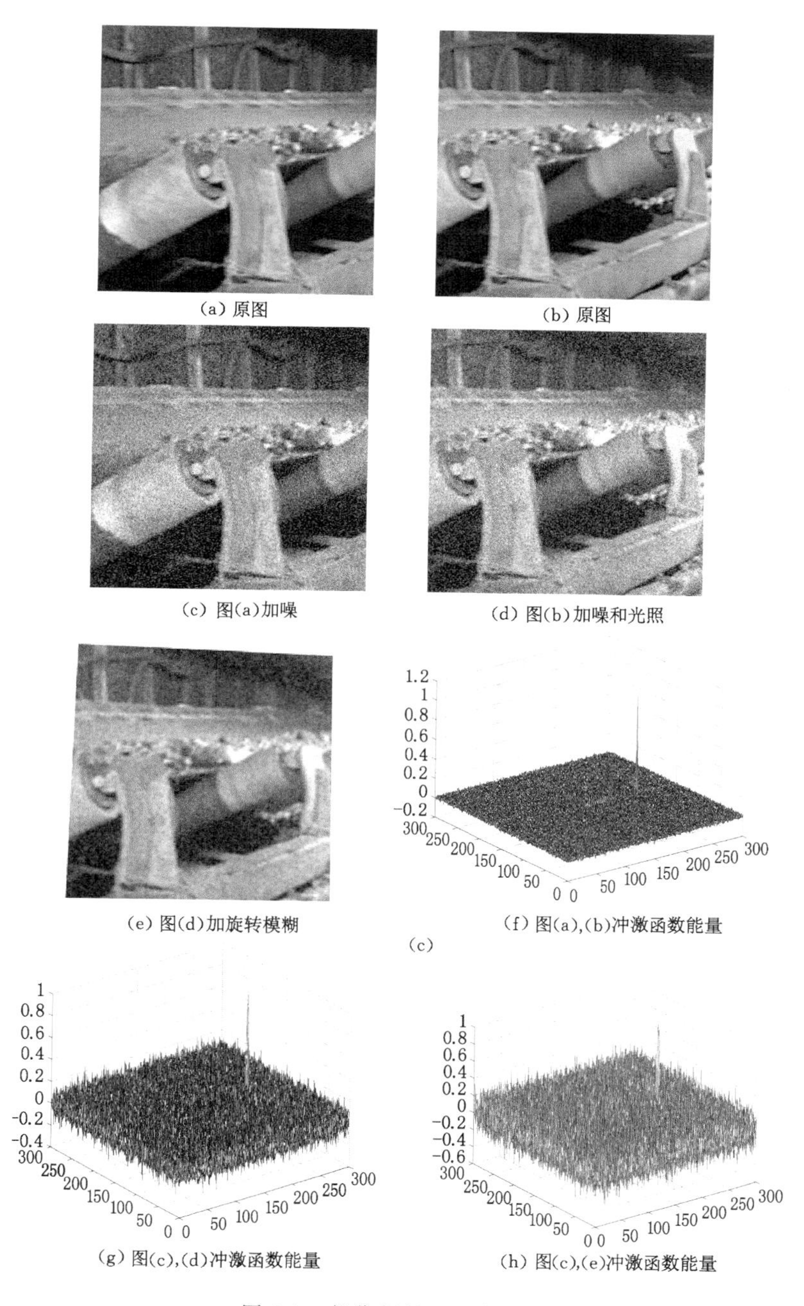

(a) 原图　(b) 原图

(c) 图(a)加噪　(d) 图(b)加噪和光照

(e) 图(d)加旋转模糊　(f) 图(a),(b)冲激函数能量

(c)

(g) 图(c),(d)冲激函数能量　(h) 图(c),(e)冲激函数能量

图 3-3　相位相关匹配实验一

换成了分布开的小峰值，但(e)中峰值位置仍易判断出，即容易判断重叠区域位置，因此可以作为初始匹配依据。

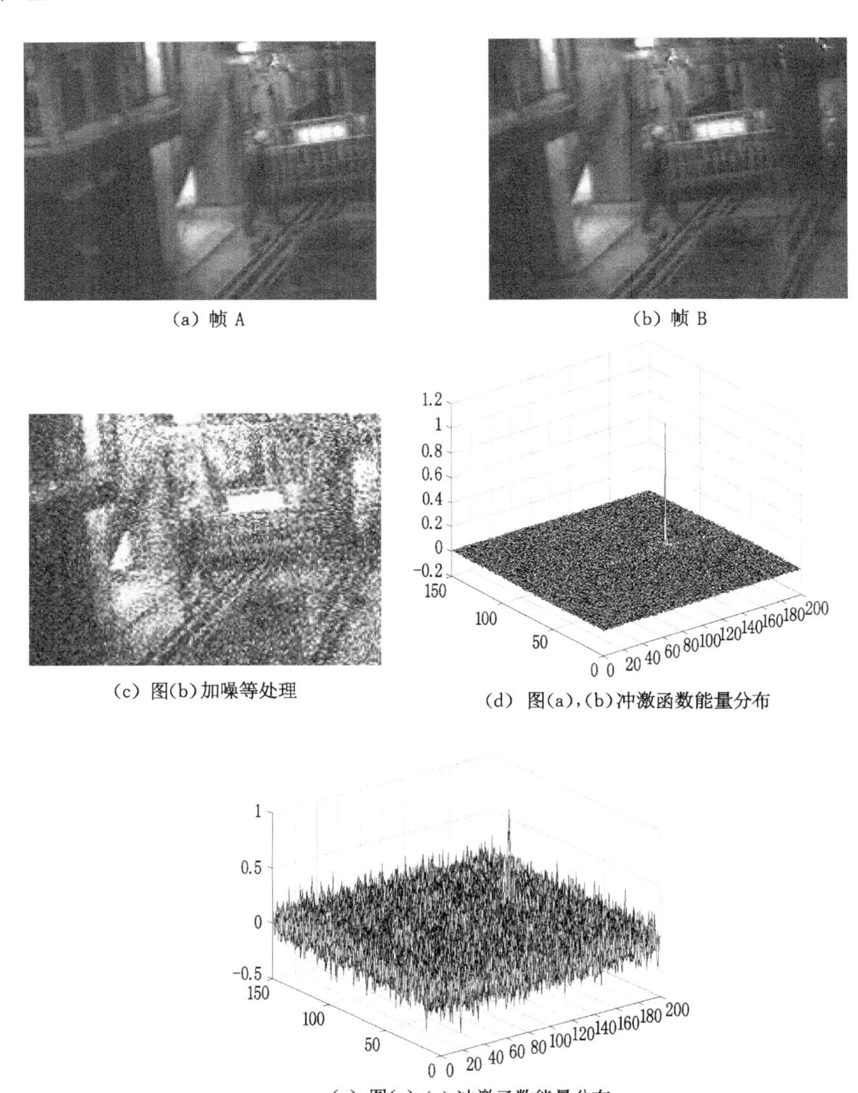


(a) 帧 A

(b) 帧 B

(c) 图(b)加噪等处理

(d) 图(a),(b)冲激函数能量分布

(e) 图(a),(c)冲激函数能量分布

图 3-4　相位相关匹配实验二

## 3.3 自动排序

根据以上讲述的相位相关法冲激函数峰值可以用来描述图像相关度并作为自动排序的依据。自动排序的过程如下：设有 $N$ 个乱序图像，计算两两图像的互功率谱，反傅立叶变换得到冲激函数，令峰值大小作为相关度存储于构造的 $N\times N$ 二维数组中，数组元素为两两图像相关度，大小范围是[0,1]，从行列方向分别求对角线之外的最大两个相关度，因为图像会与两个相关度对应的至少一幅相邻。若求交后有 2 个同时满足最大相关度的图像为中间图，若只有 1 个值满足则为首图或尾图。但有时会遇到求交后所有行均有 2 个值的情况，此时取所有相关度中最小的两个作为首尾图。效果如图 3-5 所示。

(a)

(b)

(c)

(d)

图 3-5 排序前

如图 3-5 所示 4 幅乱序皮带图像，由于图像近似，人眼排序非常困难，根据本书算法，求两两图像的冲激函数峰值。表 3-1 中带 *、# 字体分别表示从行、列方向选择 2 个最大峰值，+ 字体表示行列均为最大值。因此可判断出(a)、(d)为中间图，相交后只有一个值的为首图或者尾图，即(c)、(b)为首尾图，并根据(c)、(b)和(a)、(b)之间相关度判断出(c)为首图，(b)为尾图。本例排序结果为：(c)，(a)，(d)，(b)，如图 3-6 所示。

**表 3-1　图像间峰值大小**

| 峰值 | a | b | c | d |
| --- | --- | --- | --- | --- |
| a | — | 0.328# | 0.823+ | 0.643+ |
| b | 0.328* | — | 0.107 | 0.705+ |
| c | 0.823+ | 0.107 | — | 0.321* |
| d | 0.643+ | 0.705+ | 0.321# | — |

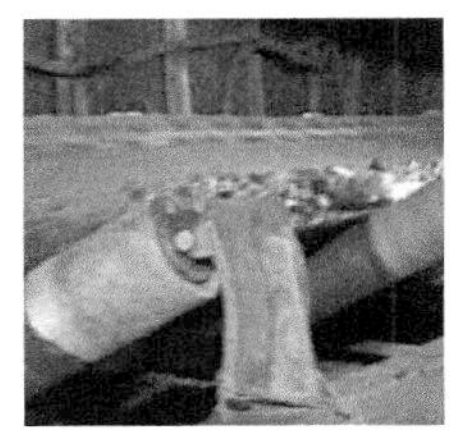

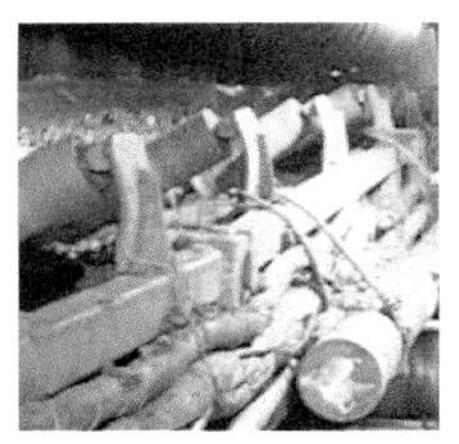

图 3-6　排序后

相位相关算法能够稳健估计平移参数，简单快速，虽然估算精度不够高，但已满足初始匹配的要求。可进一步在相位相关计算的重合区域内查找特征点，减小搜索区域，使局部特征在全局运动参数粗略指导下，更好地提高正确匹配率。

## 3.4　拼接

### 3.4.1　两图拼接

为了排除错误匹配对，提高匹配精度，采用应用角度滤波器和长度滤波器进行检验的 RANSAC 方法进行精确匹配。选择初始特征匹配对时，根据内点误差小于阈值这一原则计算内点，对内点集合重复进行随机采样，当两次 RANSAC 得到的内点集合数趋于一致时，确定最终内点集合，重新计算估计模型的参数。对变换矩阵 $H$ 进行 L-M 非线性优化迭代求最小化误差函数，最终得到精确筛选后的匹配对。

下图 3-7(a)、(b)为煤矿井下的 2 幅图像，在 8×8 维特征向量描述中，初始匹配点数量为 128，求得变换矩阵如下。由变换矩阵可见两图尺寸有轻微变化，存在位移及一定程度的旋转。

$$\begin{bmatrix} 0.988\,9 & 0.486\,5 & 30.945\,1 \\ 0.416\,7 & 0.997\,5 & 5.619\,6 \\ 0.000\,1 & 0.0001 & 1 \end{bmatrix}$$

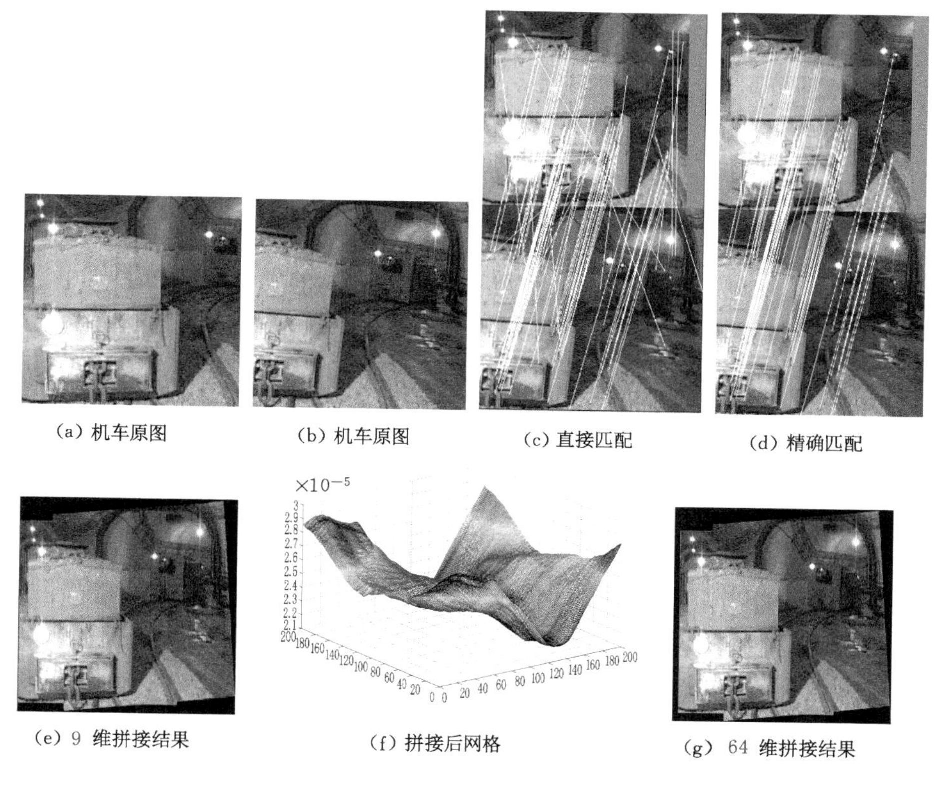


(a) 机车原图　(b) 机车原图　(c) 直接匹配　(d) 精确匹配

(e) 9 维拼接结果　(f) 拼接后网格　(g) 64 维拼接结果

图 3-7　拼接后二维网格图

图 3-7 中，图(c)和(d)分别是精确匹配前后的结果，可见，精确匹配去除了很多误配点。图(e)和图(g)分别是 9 维和 64 维精确匹配后拼接结果，图(f)是图(e)的网格表示。虽然 64 维特征向量匹配精确度高于降维

后的9维特征向量，但是是以搜索时间作为代价的，9维特征向量占用很少的存储空间，因此匹配速度大大提高，增强了系统的实时性，由图可见，匹配精度并无影响。

表 3-2　不同维数的匹配结果

| 维数 | 拼接时间 | 匹配点个数 | 正确匹配点个数 | 匹配率(%) |
| --- | --- | --- | --- | --- |
| 9 | 0.83 | 64 | 61 | 95.31 |
| 64 | 4.26 | 64 | 62 | 96.88 |

### 3.4.2　多图拼接

以上拼接是针对2幅图像，对于多幅图像的全局匹配在本节进行研究。需要通过将待拼接图像向同一个参考平面变换。

#### 3.4.2.1　匹配误差

对于多图拼接，在相机拍照时，由于装配的问题有可能使图像都朝着一个方向旋转，或由于相机参数的设置，图像变换到拼接曲面的时候过大或过小，因此，简单选取第一幅或者最后一幅作为参考图像，会造成多幅图像构成产生累积误差，严重影响了拼接的效果。

令 $X_i$ 表示相邻图像的拼接误差为独立分布随机变量，且均匀分布，$i=1,2,\cdots,n-1$，$n$ 为图像个数。在分布区间$[0,\alpha]$上，累积误差的绝对值期望为：

$$E[\mid X\mid]=\sum_{i=1}^{n-1}E[X_i]=\frac{n-1}{2}\alpha \tag{3-7}$$

可以看出，若 $\alpha=0.5$ 个像素点，即拼接的误差为0.5像素大小以内。如果对50幅图像进行拼接，误差期望值为12.25像素点，200幅图像拼接后误差绝对值为49.75像素点，拼接效果极差。因此即使局部配准精确，但多图拼接造成的累积误差不可忽视，因此需要对过对应措施减少误差。假设图像质量为 $Q$，$A$ 为常数，$Q=A(\sum_{i=1}^{n-1}X_i^2+X^2)$，误差越大，$Q$值越大，图像质量越差。通过推导，图像拼接后拼接质量的期望为：

$$E[Q] = A\frac{(n-1)(3n+2)}{12}\alpha^2 \tag{3-8}$$

可以采用分散累积误差的方法减弱累积误差对图像质量的影响。令相邻图像的拼接误差为独立分布随机变量 $X_i$，将其变换为 $X_i+V$，累积误差 $=0$，可以得到：

$$E[Q'] = A \cdot E \cdot \sum_{i=1}^{n-1}(X_i+V)^2 = A \cdot \frac{n-2}{12}\alpha^2 \tag{3-9}$$

可见，如果将累积误差均匀分散在 $[0,\alpha]$ 区间上，拼接的质量至少可以提高 $3n$ 倍，因此分散累积误差的方式是有效的。

#### 3.4.2.2 全局拼接优化

为了更好地实现多图拼接，减少累积误差的干扰，本书通过以下方法进行全局拼接的优化。在优化之前，通过前文所述相位相关法中互功率谱冲激函数峰值的大小可以判断重叠区间的大小以及和哪些图像重叠，然后通过改进的 SIFT 匹配算法找到重叠区间匹配对的个数。

$$S_i = \sum_{j \in L(i)}(A_{ij} + \lambda T_{ij}) \tag{3-10}$$

式中，$L(i)$ 为和图像 $I_i$ 重叠的图像集合；$T_{ij}$ 表示 $I_i$ 和 $I_j$ 匹配的特征对数量；$\lambda$ 为调节参数，其取值由匹配对数量决定，当图像角边过多，匹配对较多，可以选取较大 $\lambda$ 值，突出特征匹配作用，反之，特征变化不明显，$\lambda$ 可以选取较小值，突出重叠区域。设 $I_1, I_2, I_3, \cdots, I_n$ 为待拼接视频帧，选取 $S_i$ 最大值对应的 $I_i$ 作为多图全局拼接的参考图像，因为它在图像序列中的作用是最大的。令 $I_i$ 和其匹配特征对最多的 $I_k$ 对应的变换矩阵为 $H_{ik}$，$I_k$ 和参考平面之间的变换矩阵为 $H_k$，那么 $I_i$ 和参考平面的变换矩阵为 $H_i = H_{ik}H_k$。

将图像依次读入调整器，依次添加特征匹配对最多的图像，同时优化调整器内各图像到参考平面的变换矩阵，使变换到参考平面时误差最小。令图像 $I_i$ 中第 $k$ 个特征点为 $u_i^k$，对应的图像 $I_j$ 中第 $l$ 个特征点为 $u_j^l$，若 $p_{ij}^k$ 为 $u_j^l$ 到图像 $I_i$ 的对应投影，则距离差 $r_{ij}^k = u_i^k - p_{ij}^k$。通过最小化距离差来调整相邻图像变换矩阵 $H_i$。

对于匹配对$(x_i, x_j)$，令$x'_i$为$x_i$通过参考平面投影后再投影到相邻图的坐标，则距离差值$r_{ij}=||x_j-H_j^{-1}H_ix_i||$，将与$I_i$中特征点匹配的所有图像的特征对按照$r_{ij}=||x_j-H_j^{-1}H_ix_i||$进行求和，得到优化目标函数。其中$F(i,j)$为图像$I_i, I_j$之间所有特征匹配对的集合，

$$e=\sum_{i=1}^{n}\sum_{j\in L(i)}\sum_{k\in F(i,j)}f(r_{ij}^{k})^2 \tag{3-11}$$

这里采用L-M(Levenberg-Marquardt)算法对上式非线性最小均方问题进行迭代求解。L-M算法结合高斯牛顿和梯度下降方法，求解以下形式的非线性最小二乘问题。$A$为形式为$J(x)^{\mathrm{T}}J(x)$的Hessian矩阵，Hessian矩阵是二阶偏导数矩阵，$J$是雅可比行列式。可以通过链式法则求解变换矩阵$H$中的每一个量。

$$f(x)=\frac{1}{2}\sum_{j=1}^{m}r_i^2(x) \tag{3-12}$$

其迭代形式为

$$x_{i+1}=x_i-(A+\lambda\mathrm{diag}[A])^{-1}\nabla f(x_i) \tag{3-13}$$

图3-8将本书算法优化后的拼接和未优化的拼接进行比较。

(a) 待拼接图像

(b) 未优化拼接

图3-8 优化拼接比较

(c) 优化拼接

(d) 局部放大比较

图 3-8(续)

## 3.5 无缝拼接

煤矿井下环境特殊,成像质量差,光照分布不均匀现象广泛存在,图像配准后直接拼接由于照度不均,会有明显的接缝。现有研究基本上是针对两幅图像,多图融合方法如基于方差、平均梯度的区域特性方法、加权平均方法等在接缝处进行平滑处理,易导致图像细节模糊、分辨率降低,但效果并不理想。

基于多分辨率的图像融合分析方法是目前研究的热点,包括金字塔变换(梯度、拉普拉斯、对比度)和离散小波变换两种。本书为了兼顾图像融合平滑和图像清晰，采用基于多分辨率的小波融合方法来解决问题。图像融合中，小波变换可以将图像分解为更低分辨率的近似低频图像和高频细节图像，由于小波变换具有多分辨率，可以分离不同尺度的空间特性。本书完整的拼接过程描述如下：

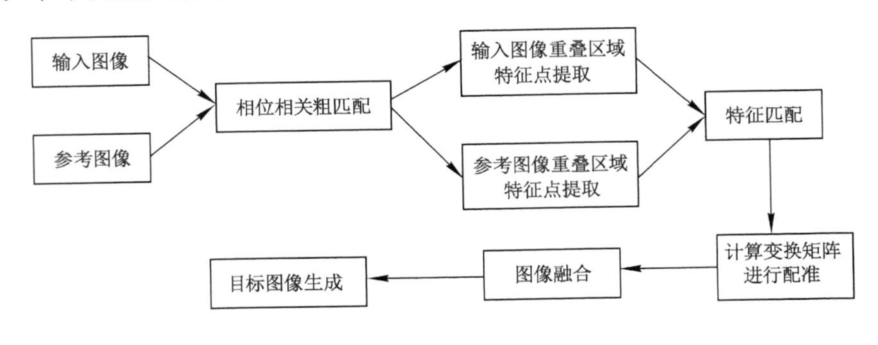


图 3-9　图像拼接流程

Mallat 在小波变换多分辨率分析理论(multiresolution analysis，MRA)和图像处理应用研究中受塔式算法启发，提出信号的塔式多分辨率分析分解与重构的快速算法，可以得到原图在不同方向和尺度上的分量。二维离散小波变换最有效的实现方法之一是采用 Mallat 算法，通过在图像的水平和垂直方向交替用低通、高通滤波器实现。但其基于卷积的离散小波变换计算量大，复杂度高，不利于硬件实现。本书将提升小波变换算法引入多分辨率融合中，其不依赖于傅立叶变换，继承多分辨率特征且运算速度快，任何离散小波变换或具有限长滤波器的二阶滤波变换都可以分解成一系列提升步骤。该算法使用多项式插补获取信号高频分量，通过构建尺度函数获取信号低频分量，分解现有小波滤波器，分步完成小波变换。变换过程包括分解、预测和更新三个阶段。

① 分解：将输入信号 $s_i$ 分为 2 个较小的子集 $s_{i-1}$、$d_{i-1}$。分解过程为 $F(s_i)=(s_{i-1},d_{i-1})$。

② 预测：用偶数序列 $s_{i-1}$ 的预测值 $P(s_{i-1})$ 去预测奇数序列 $d_{i-1}$，即将滤波器 $P$ 对偶信号作用之后作为奇信号预测值，用 $P(s_{i-1})$ 和 $d_{i-1}$ 的差代

替原 $d_{i-1}$，$d_{i-1}=d_{i-1}-P(s_{i-1})$，用更小子集 $s_{i-1}$ 和小波子集 $d_{i-1}$ 代替原信号集 $s_i$。重复分解预测过程，$n$ 步后原信号集可用$\{s_n,d_n,\cdots,s_1,d_1\}$来表示。

③ 更新：找一个更好的子集 $s_{i-1}$，保持原图的某一标量特性 $Q(x)$，即 $Q(s_{i-1})=Q(s_i)$。通过构造算子 $U$ 利用已经计算的小波子集 $d_{i-1}$ 更新 $s_{i-1}$，$s_{i-1}=s_{i-1}+U(d_{i-1})$。

提升方法使用不同长度的低通和高通分解滤波器进行小波变换，偶数序列 $s_{i-1}$ 表示分解的低频分量，奇数序列 $d_{i-1}$ 代表高频分量。根据改进的 Laurent 多项式和 Euclidean 算法，提出简化的小波变换提升算法：

设 $x=\{x_0,x_1,\cdots,x_{N-1}\}$ 是长度为 $N$ 的一个信号，$s^0$ 和 $d^0$ 表示它的偶序列和奇序列。由于提升因子 $u_i(z)$ 和 $p_i(z)$ 都是单项式，$u_i(z)=u^i z^{-u_i}$，$p_i(z)=p^i z^{-p_i}(i=1,2,\cdots,m-1)$，$u_m(z)=\sum_k u_k^m z^{-k}$。若记 $s_i(z)$，$d_i(z)$ 分别表示 $s^i=\{s_l^i\}$，$d^i=\{d_l^i\}(i=1,2,\cdots,m-1)$ 的 $z$ 变换，且

$$\begin{bmatrix} s_i(z) \\ d_i(z) \end{bmatrix}=\begin{bmatrix} 1 & 0 \\ -p_i(z) & 1 \end{bmatrix}\begin{bmatrix} 1 & -u_i(z) \\ 0 & 1 \end{bmatrix}\begin{bmatrix} s_{i-1}(z) \\ d_{i-1}(z) \end{bmatrix} \tag{3-14}$$

则

$$\begin{cases} s_i(z)=s_i(z)-u_i(z)d_{i-1}(z) \\ d_i(z)=d_i(z)-p_i(z)s_{i-1}(z) \end{cases},(i=1,2,\cdots,m-1) \tag{3-15}$$

用序列卷积可以表示为

$$\begin{cases} s_l^i=s_l^{i-1}-(u^i * d^{i-1})_l=s_l^{i-1}-u^i * d_{l+u_i}^{i-1} \\ d_l^i=d_l^{i-1}-(p^i * s^i)_l=d_l^{i-1}-p^i s_{l+p_i}^i \end{cases},(i=1,2,\cdots m-1)$$

$$s_l^m(z)=s_l^{m-1}(z)-(u^m * d^{i-1})_l=s_l^{m-1}(z)-\sum_k u_k^m d_{l-k}^{i-1} \tag{3-16}$$

因此简化的正向小波变换提升算法如下：

(1) Lazy 小波变换

$$s_l^0=x_{2l},d_l^0=x_{2l+1},l=0,1,\cdots,N/2-1 \tag{3-17}$$

(2) $m$ 步提升和对偶提升

For $i=1$ to $m-1$

$$\begin{cases} s_l^i = s_l^{i-1} - u^i d_{l+u_i}^{i-1} \\ d_l^i = d_l^{i-1} - p^i s_{l+p_i}^i \end{cases},(i=1,2,\cdots,N/2-1)$$

$$s_l^m(z) = s_l^{m-1}(z) - (u^m * d^{i-1})_l = s_l^{m-1}(z) - \sum_k u_k^m d_{l-k}^{i-1} \tag{3-18}$$

(3) 比例缩放变换

For $i=1$ to $N/2-1$

$$\begin{cases} s_l = s_l^m / K \\ d_l = K d_l^m \end{cases} \tag{3-19}$$

最后得到的 $s$ 和 $d$ 分别是小波分解的低频分量和高频分量，其中 $s=\{s_0, s_1, \cdots, s_{N/2-1}\}$，$d=\{d_0, d_1, \cdots, d_{N/2-1}\}$。将正向小波变换步骤求反，同时改变正负号，即得到逆变换。

数字图像都是用整数来表示像素值的，而小波滤波器却具有浮点数系数，提升算法可以方便构造整数到整数的小波变换。在忽略归一化因子的情况下，将算子$\lfloor x+1/2 \rfloor$作用域每一个提升步骤中的算子 $u_i(z)$，$p_i(z)$实现的。算法形式为：

$$\begin{aligned} & s_l^{(0)} = x_{2l}, d_l^{(0)} = x_{2l+1} \\ & d_l^{(1)} = d_l^{(0)} + \lfloor \alpha \cdot s_{l+1}^{(0)} + 1/2 \rfloor, s_l^{(1)} = s_l^{(0)} + \lfloor \beta \cdot d_l^{(0)} + 1/2 \rfloor \\ & d_l^{(2)} = d_l^{(1)} + \lfloor \gamma \cdot s_{l+1}^{(1)} + 1/2 \rfloor, s_l^{(2)} = s_l^{(1)} + \lfloor \delta \cdot d_l^{(2)} + 1/2 \rfloor \\ & d_l^{(3)} = d_l^{(2)} + \lfloor \varepsilon \cdot s_{l-1}^{(2)} + 1/2 \rfloor, s_l^{(3)} = s_l^{(2)} + \lfloor \eta \cdot d_l^{(3)} + 1/2 \rfloor \\ & d_l^{(4)} = d_l^{(3)} + \lfloor \sigma \cdot s_{l-1}^{(3)} + 1/2 \rfloor, s_l^{(4)} = s_l^{(3)} + \lfloor \tau \cdot d_l^{(4)} + 1/2 \rfloor \\ & d_l^{(5)} = d_l^{(4)} + \lfloor \lambda \cdot s_l^{(4)} + 1/2 \rfloor \\ & s_l = \zeta \cdot s_l^{(5)}, d_l = d_l^{(5)} / \zeta \end{aligned} \tag{3-20}$$

$s_l$和 $d_l$分别为高频、低频分量。其中 $\alpha=-1.586\ 134\ 342\ 059\ 42$，$\beta=-0.048\ 873\ 133\ 896\ 66$，$\gamma=1.088\ 448\ 301\ 619\ 63$，$\delta=-0.581\ 590\ 486\ 670\ 07$，$\varepsilon=0.127\ 053\ 752\ 619\ 88$，$\eta=-1.149\ 825\ 130\ 398\ 96$，$\sigma=-0.114\ 393\ 531\ 083\ 48$，$\tau=2.159\ 041\ 257\ 761\ 03$，$\lambda=-0.463\ 14$，$\zeta=1.048\ 423\ 892\ 330\ 12$。

与经典 Mallat 算法比较，其运算量减少一半，节省了存储单元，逆小波变换的实现也简单快速。

进行提升小波变换的过程中，先对图像进行水平提升分解变换，然后将变换结果再进行垂直提升分解变换，分解后得到的低频子图像反映了原图的平滑特性。高频子图像反映了细节特性，包括水平、垂直和对角三个方向子图像，高频系数越大，表示包含边缘、区域边界等信息变化越剧烈。

通过图像数据之间的相关性来选择融合规则。当相关度 MD 大于阈值时，图像相关性很大，要充分考虑各源图对融合图的影响，不能单独选取某个源图作为融合图像信息，需要采用加权平均策略融合；当相关度 MD 小于阈值时，说明图像相关性小，选取能量较高的作为融合结果。具体过程如下：

① 按照上述方法对图像进行 $N$ 层整数小波提升分解变换，得到不同尺度下的 $3N$ 个高频和 1 个低频分量。本书选择 3 层小波分解，设 $A$、$B$ 为两幅待拼接图，$L$ 表示低频子图像，$H_{ik}$ 表示高频子图像，$i$ 表示层数，$k=1,2,3$ 分别表示水平、垂直、对角线三个方向。$\{A: H_{11}(A), H_{12}(A), H_{13}(A), \cdots, H_{31}(A), H_{32}(A), H_{33}(A), L(A)\}$，$\{B: H_{11}(B), H_{12}(B), H_{13}(B), \cdots, H_{31}(B), H_{32}(B), H_{33}(B), L(B)\}$。

② 低频小波系数求取：选择小波系数绝对值较大的像素作为融合后的像素。

③ 高频小波系数求取：选择窗口大小为 $M\times N$ 的区域能量，如 $3\times3$，$5\times5$ 区域。设 $E(A)$、$E(B)$ 为两图在 $(x,y)$ 处的区域能量：

$$\begin{cases} E_k(A) = \sum\limits_{i=1}^{M}\sum\limits_{j=i}^{N}[d_k(A)(x+i,y+i)]^2 \\ E_k(B) = \sum\limits_{i=1}^{M}\sum\limits_{j=i}^{N}[d_k(B)(x+i,y+i)]^2 \end{cases} \quad (k=1,2,3) \tag{3-21}$$

计算 $A$，$B$ 图像在 $(i,j)$ 的匹配度 $MD$：

$$MD_k = \frac{2\sum_{i=1}^{M}\sum_{j=i}^{N}[d_k(A)(x+i,y+i)\times d_k(B)(x+i,y+i)]}{E_k(A)+E_k(B)}(k=1,2,3) \tag{3-22}$$

设 $E(A)$、$E(B)$ 分别为两图高频分量在水平、垂直、对角方向的能量和。

若匹配度大于阈值 $\alpha,\alpha\in(0.5,1)$，下式中两图高频分解系数前为权值（和为 1）进行加权融合。

$$d_k(F)=\begin{cases}0.5\left(1+\frac{1-MD_k}{1-\alpha}\right)d_k(A)+0.5\left(1-\frac{1-MD_k}{1-\alpha}\right)d_k(B) & (E(A)\geqslant E(B))\\ 0.5\left(1+\frac{1-MD_k}{1-\alpha}\right)d_k(B)+0.5\left(1-\frac{1-MD_k}{1-\alpha}\right)d_k(A) & (E(A)<E(B))\end{cases}\quad(k=1,2,3) \tag{3-23}$$

若匹配度小于阈值则选择局部能量较大区域中心像素值：

$$d_k(F)=\begin{cases}d_k(A) & (E(A)\geqslant E(B))\\ d_k(B) & (E(A)<E(B))\end{cases}\quad(k=1,2,3) \tag{3-24}$$

④ 利用低频和高频小波分解系数 $d_k(F)$ 进行逐层逆变换，融合各尺度下的子图像，结合增益补偿求得重构后的融合图像。

以上过程表明，当两幅图能量差较小的时候，通过加权融合的方法确定像素的小波系数，在能量差别较大的时候，选择能量大的像素小波系数作为融合系数，可以在减少噪声的同时，避免信息丢失，使图像细节信息清楚地保留。同时此方法也可以扩展到 $N$ 幅图像的融合。

## 3.6 实验分析

为了验证本书拼接算法的有效性，分别对变电所、巷道等不同场所的 20 组视频图像进行实验，这些图片由于拍摄位置和相机曝光参数的不同，存在亮度差异。图 3-10 是两幅井下变电所图像，拼接前的图像为(a)～

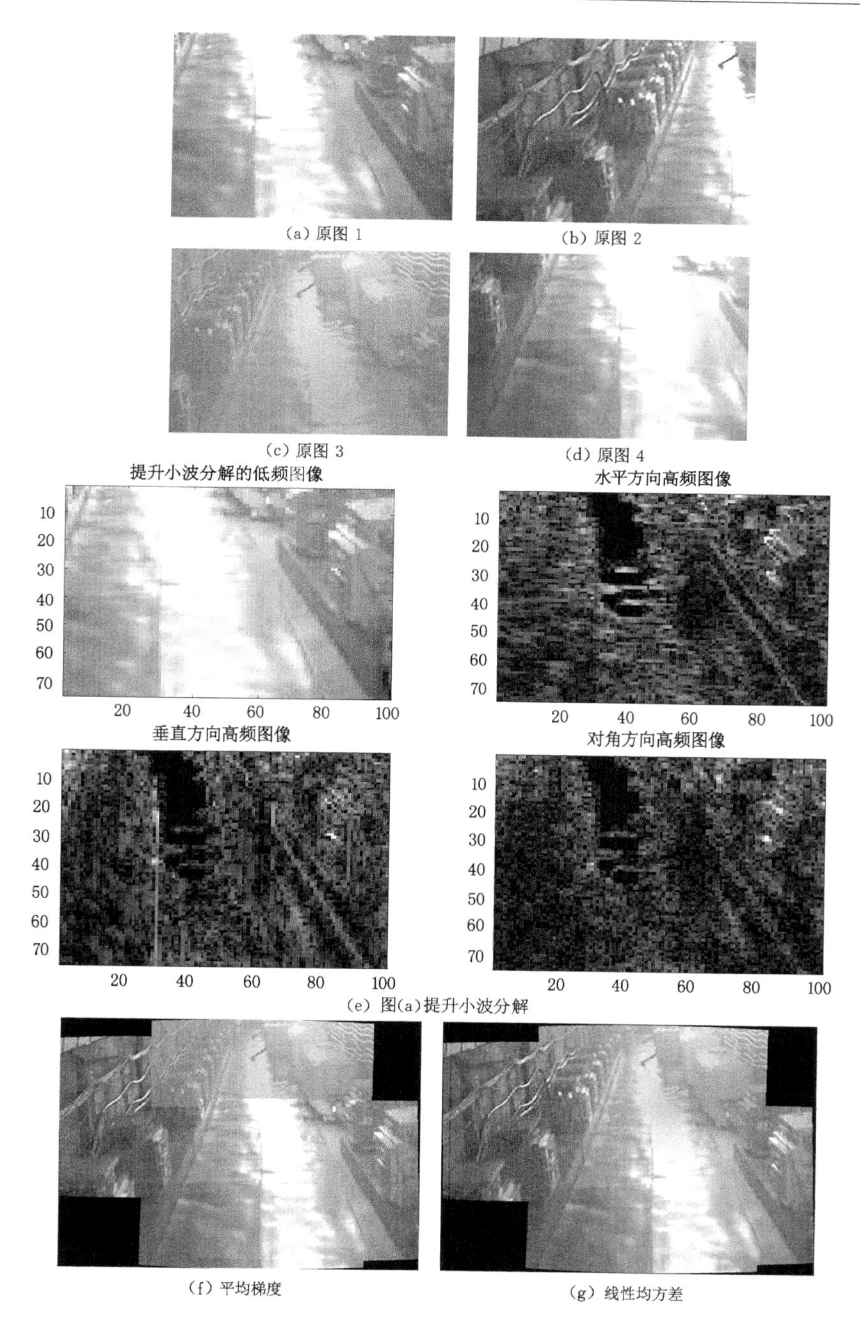


(a) 原图 1 (b) 原图 2

(c) 原图 3 (d) 原图 4

(e) 图(a)提升小波分解

(f) 平均梯度 (g) 线性均方差

图 3-10 多频带提升小波融合拼接

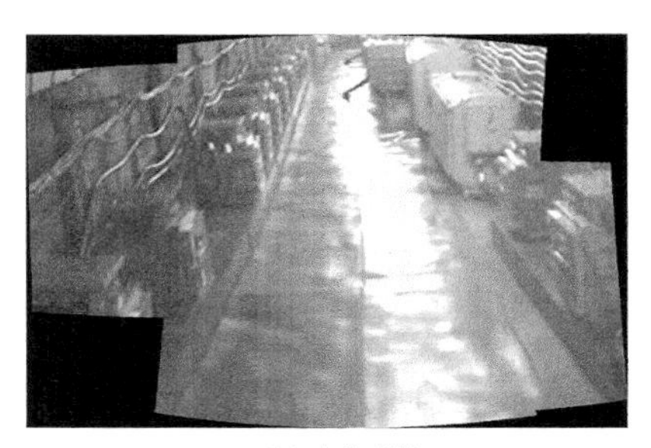

(h) 本书 算法

图 3-10(续)

(d),由于不同的曝光度,直接拼接会导致颜色明暗差异。图(e)为图(a)低频和水平、垂直、对角高频分解的结果。通过提升小波多频带融合方法结合增益补偿进行图像无缝拼接融合,拼接图像过渡平滑,亮度均匀,效果自然,如图(h)所示。而图(f)平均梯度、图(g) 线性均方差拼接等算法的效果存在颜色不均、接缝明显的问题。

图 3-11 是失修巷道图像,将改进的 SIFT 算法应用在井下巷道视频拼接中,可以获取全局信息,更好地把握场景信息。

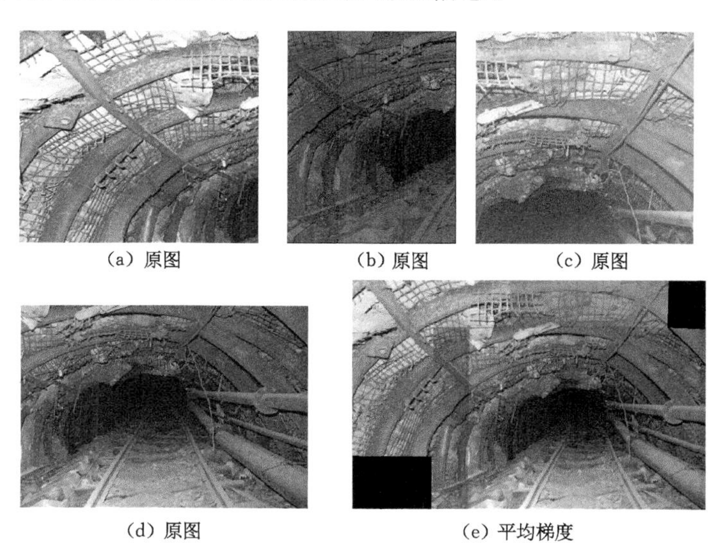

(a) 原图　(b) 原图　(c) 原图

(d) 原图　(e) 平均梯度

图 3-11　巷道图像拼接

(f) 线性均方差

(g) 本书

图 3-11(续)

本书采用熵加权图像融合评价标准对不同融合算法进行比对。该标准基于图像质量因子,令图像 $A$ 中图像块 $w$ 的区域熵为 $H(a|w)$,定义权重 $\lambda(a|w)$表示图像局部相对信息量的多少。

$$\lambda(a|w)=\frac{H(a|w)}{H(a|w)+H(b|w)} \tag{3-25}$$

令 $Q(a,b|f)$为熵加权图像融合质量因子,定义熵值加权融合质量因子模型用来反映融合图像信息量。

$$Q(a,b \mid f) = \frac{1}{|W|}\sum_{w\in W}[\lambda(a \mid w)Q(a,f \mid w)+(1-\lambda(a \mid w))Q(b,f \mid w)] \tag{3-26}$$

表 3-3 列出对变电所、巷道等 20 组图像的熵加权图像融合质量因子评价标准,以及在不同窗口条件下对平均梯度、线性均方差和本书算法进行比较的平均结果。

**表 3-3 图像融合效果熵加权比较**

| 窗口 | 平均梯度 | 线性均方差 | 本书算法 |
|---|---|---|---|
| 3×3 | 0.433 8 | 0.458 7 | 0.521 9 |
| 5×5 | 0.484 1 | 0.502 6 | 0.546 8 |
| 7×7 | 0.474 5 | 0.486 4 | 0.537 7 |

如表 3-3 所示,本书基于提升小波多分辨率加权融合的方法得到的结

果有最大的图像质量因子值。拼接方法实施简单,不需重新部署新的智能摄像机,由矿用本安型光纤摄像机获取图像信息,摄像机可以和视频服务器相互通信,由后台服务器检测和匹配。

## 3.7 本章小结

由于煤矿井下环境复杂,常用匹配拼接算法并不适用,因此针对煤矿井下照度低、湿度大、粉尘多的复杂环境,本书提出新的拼接方法,采用拼接帧抽取方式提取部分关键帧的方法进行视频拼接,根据相位相关互功率谱冲激函数能量分布快速检测重叠区域,减少匹配范围,并将峰值大小作为匹配度进行排序,解决人工排序易错、效率低的问题,最后结合多分辨率提升小波制定融合规则实现无缝精确拼接。结果表明,当两幅图能量差较小的时候,选择加权融合的方法,在能量差别较大的时候,选择能量大的像素小波系数作为融合系数,可以在减少噪声的同时,避免信息丢失,拼接效果良好、算法稳健。

# 4　基于轮廓模型的目标检测

轮廓可以表征目标的形状信息，轮廓提取是目前计算机视觉中研究的热点课题。传统方法主要包括以下两种：目标分割后提取边缘和利用梯度算子提取边缘并通过曲线拟合形成目标轮廓。前者在分割过程中往往会出现断边现象，不容易形成闭合曲线，从而不利于形态学填充和前景提取；后者复杂性高、计算慢且效果不够精确。上述方法仅利用图像局部信息，在煤矿照度低、噪声大的环境中，极不稳定，对噪声敏感。

Snake 主动轮廓模型思想来源于经典力学，自 Kass、Terzopoulos，Witkin 等人提出之后，受到了广泛的关注。该模型利用图像边缘特征，自主地收敛于能量极小值状态，同时它定义了描述目标轮廓和灰度等信息的能量函数，不需要先验知识指导，在寻找自身能量局部极小值的过程中不断迭代并向真实轮廓靠近，最终形成闭合、连续、光滑的轮廓线，且抗噪能力较强。近几年来，Snake 模型广泛应用在图像分割、图像分类、目标跟踪、边缘提取和三维重建等领域。

但是传统 Snake 算法存在以下问题：① 对于轮廓初始位置敏感，不能向凹处收敛；② 易陷入能量局部极值；③ 不具有拓扑自适应性，不能根据目标形状自动分配蛇点；④ 抗噪能力较差，环境噪声大时容易收敛于噪声点；⑤ 迭代过程运算量大等问题。针对传统 Snake 模型存在的缺点，不少学者提出了改进的方法，如 Cohen 的 Balloon 模型引入了膨胀力可以使活动轮廓向外收敛，提高定位边缘的准确性和曲线演化速度，但没有根本上解决初始位置问题；Xu 等提出了梯度向量流（gradient vector flow，GVF）Snake 模型，对图像梯度场逼近构造了一种新的外力，通过内力、外力共同作用下的平衡得到目标边缘，但对深度凹陷区域检测不理想且计算量庞大。有人将遗传算法应用在 Snake 模型中，提高了分割精度，但对凹处目标的分割效果并不理想。Asl 将粒子群优化算法应用于活动轮廓模型中，有文献将单一 PSO 方法用于主动轮廓线模型的蛇点寻优，然而 PSO 算法也存在一些缺点，如计算时间较长、容易陷入局部极值等，这是由于算法本身固有的随机性决定的。

针对以上问题，本书计划结合粒子群算法来改进，粒子群算法 PSO 同遗传方法类似，是基于群体的优化工具，粒子在解空间追随最优的粒子进行搜索，易于实现，且需要的个体数目少，计算简单；克服了原有 Snake 模型在初始化控制点时必须距离目标区域很近才能有良好收敛效果的缺陷，且提出的多种群协同算法和单一粒子群算法相比，轮廓平滑、收敛速度快，避免轮廓收敛于局部极值，并能有效向凹陷处收敛，是一种全局最优化的高效搜索方法。

## 4.1 Snake 参数活动轮廓模型

活动轮廓模型以参数化曲线、曲面的形式表达曲线和曲面的变形。其参数化表示为：$v(s)=(x(s),\ y(s))$，$s\in[0,\ 1]$，其中 $s$ 是曲线参数，$x$，$y$ 是轮廓点的坐标。动态轮廓总能量表示公式为：

$$E_{\text{snake}}=\int_0^1 E_{\text{snake}}(v(s))\,\mathrm{d}s=\int_0^1 E_{\text{int}}(v(s))+E_{\text{ext}}(v(s))\,\mathrm{d}s \qquad (4\text{-}1)$$

其中，$E_{\text{int}}$ 表示曲线弯曲产生的内能，使模型具有一定光滑连续性；$E_{\text{ext}}$ 表示图像的外部能量，其来自外在约束或图像特征，用来吸引轮廓到图像特征位置。在内能外能共同作用下，曲线收敛到目标边界，此时具有最小能量。

$E_{\text{int}}$ 由控制曲线弹性能量和刚性能量的内能组成：

$$E_{\text{int}}=(\alpha(s)\,|\,v'(s)\,|^2+\beta(s)\,|\,v''(s)\,|^2)/2 \qquad (4\text{-}2)$$

一阶导数项控制变形曲线伸缩，是弹性能量项；二阶导数控制变形曲线弯曲，是刚性能量项。$\alpha(s)$ 越大，轮廓收敛的速度越快；$\beta(s)$ 越大，轮廓越平滑。合理选择两个参数的值可以使轮廓收敛到合理位置。

$E_{ext}$包括约束能量和图像能量。约束能量是用户定义的外部约束力，来自先验知识，无固定表达式，可以根据特定场景自行设计。图像能量可以通过梯度构造，表示活动轮廓与图像特征之间的吻合程度，可以将曲线吸引到图像特征附近。图像能量表达式为：

$$E_{ext}=-\gamma(s)\left|\nabla(G_\sigma(x,y)*I(x,y))\right|^2 \tag{4-3}$$

式中 $G_\sigma(x,y)$是二维高斯平滑滤波器，可以减少噪声对图像的影响，$G_\sigma(x,y)=\frac{1}{2\pi\sigma^2}e^{\frac{x^2+y^2}{2\sigma^2}}$；$I(x,y)$为图像灰度；$\nabla$是梯度算子；$\gamma(s)$是权重系数。增加 $\sigma$ 的值会使图像边缘模糊，但可以扩大轮廓线捕捉范围。

只有当目标轮廓收敛于物体边缘的时候，$E_{snake}$达到最小值，通过 $E_{snake}$ 最小化过程实现轮廓边缘的检测。

### 4.1.1 轮廓离散化表示

轮廓曲线离散化成由控制点组成的集合，同时控制点之间的空间关系满足

$$\begin{gathered}|V_s(s)|^2\approx(|v_{i+1}-v_i|)^2=(x_{i+1}-x_i)^2+(y_{i+1}-y_i)^2\\|V_{ss}(s)|^2\approx(|v_{i+2}-2v_{i+1}+v_i|)^2=(x_{i+2}-2x_{i+1}+x_i)^2+(y_{i+2}-2y_{i+1}+y_i)^2\end{gathered} \tag{4-4}$$

以系列曲线控制点表示轮廓曲线 $v(s)$。$v_i$是曲线上第 $i+1$ 个控制点，$v_{i-1}$和 $v_{i+1}$是曲线上与 $v_i$相邻的两个曲线控制点，并且 $v_i=(x_i,y_i)$。$V=(v_0,v_1,\cdots,v_{i-1},v_i,\cdots,v_{n-1})$，$i=0,1,\cdots,n-1$，$v_{i-1}$和 $v_i$之间的顺序关系如图 4-1 所示，控点集合可以理解为由这些控制点组成的向量。

微分形式的 Snake 模型曲线内部能量函数可以近似表示成：

$$\begin{aligned}E_{int}=(\alpha(s)((x_{i+1}-x_i)^2+(y_{i+1}-y_i)^2)+\beta(s)((x_{i+2}-2x_{i+1}+x_i)^2+\\(y_{i+2}-2y_{i+1}+y_i)^2))\end{aligned} \tag{4-5}$$

Snake 模型曲线外部能量函数定义为：

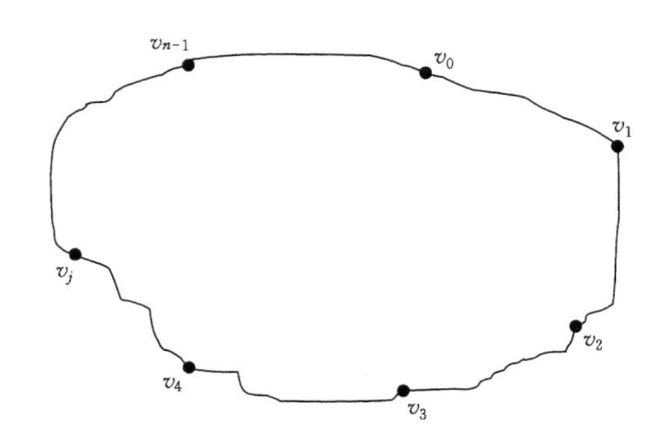


图 4-1 主动轮廓曲线离散化

$$\int_0^1 E_{\mathrm{ext}}(v(s))\,\mathrm{d}s = -\omega(s)\int_0^1 |\nabla I(x,y)|^2\,\mathrm{d}s \tag{4-6}$$

通过 Sobel 算子计算图像梯度$\nabla I(x,y)$并离散化曲线能量函数，$g_i$表示曲线控制点 $v_i$处的图像梯度。$\alpha$、$\beta$和 $\omega$ 不随曲线的变化而变化，通过上式将积分形式的轮廓曲线能量函数改写为：

$$E_{\mathrm{snake}}^{*} = \sum_{i=0}^{n-1}(\alpha((x_{i+1}-x_i)^2+(y_{i+1}-y_i)^2)+\beta((x_{i+2}-2x_{i+1}+x_i)^2+(y_{i+2}-2y_{i+1}+y_i)^2)-\omega(g_i)^2) \tag{4-7}$$

### 4.1.2 Snake 模型改进

#### 4.1.2.1 模型粗收缩

为了解决动态规划时间消耗大的问题，本书采用多尺度小波能量算法，结合小波边缘检测，减少初始位置敏感性的同时减少了计算时间，降低了对参数和噪声的敏感性。设 $v_i$ 为蛇点，令

$$n(v_i)=\begin{bmatrix}0 & -1\\ 1 & 0\end{bmatrix}\times\left[\frac{v_i-v_{i-1}}{\|v_i-v_{i-1}\|}+\frac{v_{i+1}-v_i}{\|v_{i+1}-v_i\|}\right]\Big/\left\|\frac{v_i-v_{i-1}}{\|v_i-v_{i-1}\|}+\frac{v_{i+1}-v_i}{\|v_{i+1}-v_i\|}\right\| \tag{4-8}$$

$n(v_i)$为蛇点的内法线单位矢量，$k$ 是方向参数，取之为 1，或者$-1$，

对图像进行多层小波变换，设尺度为 $2^j$，定义新的外部能量，新的外力为：

$$E_{\text{ext}}(v_i)=k\left|n(v_i)\cdot(w_{2^j}^{1,d}I(x,y),w_{2^j}^{2,d}I(x,y))\right| \tag{4-9}$$

其中 $w_{2^j}^{1,d}I(x,y)$ 表示水平方向高频；$w_{2^j}^{2,d}I(x,y)$ 表示垂直方向高频，通过降采样构造金字塔：

① $w_{2^j}^{1,d}(x,y)$、$w_{2^j}^{2,d}(x,y)$ 作为第一层。

② 采样 $w_{2^j}^{1,d}(x,y)$、$w_{2^j}^{2,d}(x,y)$，第一层以上采样后图像满足

$$w_{2^j}^{1,d}(x,y)=w_{2^j}^{1,d}(2^{j-1}x,2^{j-1}y),w_{2^j}^{2,d}(x,y)=w_{2^j}^{2,d}(2^{j-1}x,2^{j-1}y) \tag{4-10}$$

③ 令 $j=j+1$，当 $j<J$ 时，转到步骤 2，$J$ 为最大层数，否则结束。

设 $2^M$ 为第一层图像上离散化后的轮廓节点个数，$2^N\times 2^N$ 为图像大小，初始轮廓在给定模型参数后离散为 $2^{M-J+1}$，投影在尺寸为 $2^{N-J+1}\times 2^{N-J+1}$ 的平滑图像上，在 $J$ 层收敛后，用相邻点差值后的轮廓线作为 $J-1$ 层的初始轮廓线，继续迭代，实现粗尺度向高尺度传播收敛。

由于粗糙尺度上原有的复杂细节平滑掉了，因此蛇点少，从而减小了运算时间，随着尺度不断精细，轮廓也不断接近真实轮廓，因此减少了迭代的次数。多尺度小波变换轮廓提取方法对噪声有一定的抑制作用，可减弱初始位置的敏感性。

#### 4.1.2.2　动态蛇点分布

为了使蛇点能够均匀分布于局部区域，特别是曲率大的地方从而能更加精确获得目标轮廓，增加了另外一个控制能量 $E_{\text{equal}}$，其能动态均匀分布蛇点的位置。当 $i$ 为偶数蛇点时：

$$E_{\text{equal}}=\eta\left|\frac{|v_i-v_{i-1}|+|v_{i+1}-v_i|}{2}-|v_i-v_{i-1}|\right| \tag{4-11}$$

$\dfrac{|v_i-v_{i-1}|+|v_{i+1}-v_i|}{2}$ 用于表示三个相邻蛇点的距离平均值。$E_{\text{equal}}$ 使得局部轮廓上的蛇点可以分布更加均匀，如果：

$$L = \max(|v_{i-1} - v_i|, |v_{i+1} - v_i|) \frac{(v_{i-1} - v_i) \cdot (v_{i+1} - v_i)}{|(v_{i-1} - v_i)||(v_{i+1} - v_i)|} \tag{4-12}$$

$v_{i-1}$到 $v_i$ 的距离比上式平均距离小，则 $v_i$ 应朝 $v_{i+1}$方向运动。为了能更好地表示目标轮廓，需要动态调整蛇点个数。令：

$$\mu = \frac{(v_{i-1} - v_i) \cdot (v_{i+1} - v_i)}{|(v_{i-1} - v_i)||(v_{i+1} - v_i)|} \tag{4-13}$$

若 $\mu$ 增大，则曲率减小，$\mu$ 减小，则曲率增大，如果 $\max(|v_{i-1} - v_i|, |v_{i+1} - v_i|)$大于某个阈值，应在中间加上新的蛇点。对于曲率较小的部分，当蛇点距离小于某阈值时，可以去掉若干蛇点降低计算工作量。$E_{\text{equal}}$保证了蛇点在轮廓的均匀分配。总能量 $E_{\text{snake}} = E_{\text{int}} + E_{\text{ext}} + E_{\text{equal}}$。

当蛇点开始移动时，由于和目标边缘距离较远，可以让内部能量 $E_{\text{int}}$起主要作用，加快收敛的速度，避免受噪声的影响，由收缩内能和控制能量构成，$E_{\text{snake}} = \alpha E_{\text{continuity}} + \eta E_{\text{equal}}$，让 $\alpha$ 大于 $\gamma$ 使得收缩速度加快。

当收缩到边缘附近时，外能和增加的约束能量起到主要作用，可以使蛇点更好地向目标收敛，且避免收敛于中心点，$E_{\text{snake}} = \beta E_{\text{curvature}} + \eta E_{\text{equal}} + \gamma E_{\text{ext}}$。蛇点出现的位置可能是目标边缘内部，也可能是目标外部，因此可以通过蛇点的位置决定如何调整参数的权值。

蛇点作用方向指向中心，因此通过蛇点和目标中心连线方向同蛇点梯度方向的夹角可以判断出蛇点位置是边界外还是边界内，当夹角小于 90°时位于边界外，否则位于边界内部。

对于是否已经到达目标边缘可以用以下方法进行判断：计算 $E_{\text{ext}}$时，取像素的 3×3 点邻域的灰度均值，如果邻域均值差大于某个阈值，且通过梯度算子计算在梯度方向有边缘，则表明已到达边缘附近。

#### 4.1.2.3 形状约束

由于环境复杂，使得传统 Snake 模型在收缩过程中容易受噪声影响而被假的目标吸引，因此根据目标特点，融入先验知识，将目标的几何特征作为形状能量融入 Snake 算法中，从而对蛇点的形状进行约束。用基于 Hough 的变换方法进行拟合计算复杂，结果不唯一。由于矿灯在黑暗中的轮廓近似圆或椭圆，且用椭圆描述平面信息可以通过长短轴等参数描述，因此本书形状能量构造过程中选择将蛇点通过非线性最小二乘法拟合成椭圆形状，同插值不同，曲线拟合不需要 $y=f(x)$ 的曲线通过所有离散点 $(x_i, y_i)$，只要求 $y$ 能够反映离散点的趋势。不断迭代的过程中，蛇点向拟合曲线不断靠近、匹配。通过参数化模板，将目标轮廓用由参数确定的曲线表达。

$$\frac{(x-x_0)^2}{a}+\frac{(y-y_0)^2}{b}=1 \tag{4-14}$$

设 $l_i$ 为蛇点 $i$ 到椭圆曲线的距离，$l_{i,\max}$ 为蛇点 $i$ 周围 5×5 区域中到曲线的最大距离，令形状能量 $E_{\text{shape}}=\frac{l_i}{l_{i,\max}}$，若蛇点 $i$ 到曲线的距离较大，则形状能量 $E_{\text{shape}}$ 的值趋近 1，若在曲线上，则 $E_{\text{shape}}$ 值为 0。在收缩过程中，通过计算形状能量，及时调节蛇点到能量最小值的像素点位置。

图 4-2(a)是防爆探照灯轮廓初始位置，(b)是未结合形状约束的收敛结果，由于噪声较大，梯度信息易受其干扰，收敛结果偏差较大，(c)是引入结合形状约束后的收敛效果，轮廓在收敛的过程中可以根据形状能量及时调整位置。

(a) 轮廓初始位置

(b) 未结合形状约束

(c) 结合形状约束

图 4-2　结合形状约束的 Snake 收敛

## 4.2 基于变分水平集的目标检测

### 4.2.1 变分水平集方法

Snake模型由于是基于边缘的算法，要求目标为封闭曲线，用其进行分割的时候不会产生断裂问题。为了检测分散煤块，本书采用水平集(level set)方法。

(1) 水平集基本概念

一条平面封闭的曲线可以定义为一个二维函数 $u(x,y)$ 的水平集 $C=\{(x,y),u(x,y)=c\}$。

如 $C$ 变化，则可以认为是 $u(x,y)$ 发生变化引起的。随时间变化的封闭曲线可以表达成随时间变化的 $u(x,y)$ 水平集，即 $C(t):=\{(x,y),u(x,y,t)=c\}$。

曲线 $C(t)$ 在演化的时候，嵌入函数 $u(x,y,t)$ 演化过程遵循以下规则：

全导数 $\frac{\mathrm{d}u}{\mathrm{d}t}=\frac{\partial u}{\partial t}+\nabla u\cdot\frac{\partial(x,y)}{\partial t}=0$，由于 $\frac{\partial(x,y)}{\partial t}=\frac{\partial C}{\partial t}=V$，所以

$$\frac{\partial u}{\partial t}=-\nabla u\cdot V=-|\nabla u|\frac{\nabla u}{|\nabla u|}\cdot V=|\nabla u|N\cdot V=\beta|\nabla u| \quad (4\text{-}15)$$

式中，$\beta=V\cdot N$ 表示运动速度法向量。上式即为水平集曲线演化基本方程式。若

$u(x,y)>c$，则 $(x,y)$ 在封闭曲线 $C$ 外部；

$u(x,y)<c$，则 $(x,y)$ 在封闭曲线 $C$ 内部；

$u(x,y)=c$，则 $(x,y)$ 在封闭曲线 $C$ 上。

为了方便，常取 $c=0$，即曲线为零的水平集。封闭曲线 $C$ 的演化即为嵌入函数在给定初始值 $u_0(x,y)$ 的条件下的演化，只要在 $t$ 时刻求出 $u(x,y)=0$ 的水平集，就可以确定曲线 $C(t)$。

演化过程是面向曲线的对空间 $u(x,y,t)$ 二维函数的演化。水平集方

法是一种无参数方法，该方法的偏微分方程在固定坐标系中给出。曲线演化过程中，无须跟踪拓扑变化，因为在拓扑上的变化都将自动嵌入$u(x,y,t)$的数值变化中。

（2）变分水平集方法

曲线运动方程来自最小化闭合曲线的能量泛函。例如测地线活动轮廓模型，须最小化如下泛函：

$$E(C) = \oint_{C} g(C)\mathrm{d}s \tag{4-16}$$

$g(x,y)\mathrm{d}s$是加权弧长微元，上式的梯度下降流为：

$$\frac{\partial C}{\partial t} = [g(C)\kappa - \nabla g \cdot N]N \tag{4-17}$$

关于嵌入函数的偏微分方程为：

$$\frac{\partial u}{\partial t} = [g\kappa - \nabla g \cdot N]|\nabla u| = |\nabla u| \operatorname{div}\left(g \frac{\nabla u}{|\nabla u|}\right) \tag{4-18}$$

针对由曲线的能量泛函最小化导出的曲线演化问题，有学者提出变分水平集方法。

定义 Heaviside 函数 $H(z) = \begin{cases} 1, z \geqslant 0 \\ 0, z < 0 \end{cases}$，沿$C$的环路积分上式，改写成面积分：

$$\oint_{C} g(C)\mathrm{d}s = \iint_{\Omega} g(x,y)\ |\nabla H(u)|\ \mathrm{d}x\mathrm{d}y \tag{4-19}$$

其中，$\nabla H(u) = \delta(u)\nabla u$，$\delta(z) = \frac{\mathrm{d}H(z)}{\mathrm{d}z}$。可以将式(4-16)写成关于嵌入函数$u$的泛函：

$$E(u) = \iint_{\Omega} g(x,y)\delta(u)\ |\nabla u|\ \mathrm{d}x\mathrm{d}y \tag{4-20}$$

通过变分法，上式梯度下降流表示为：

$$\frac{\partial u}{\partial t} = \delta(u) \operatorname{div}\left(g \frac{\nabla u}{|\nabla u|}\right) \tag{4-21}$$

上式中$\delta$需要通过正则化的$\delta_{\varepsilon}$近似，式(4-21)改写为：

$$\frac{\partial u}{\partial t}=\delta_\varepsilon(u)\,\mathrm{div}\left(g\,\frac{\nabla u}{|\nabla u|}\right) \tag{4-22}$$

其中 $\delta_\varepsilon(z)=\frac{\mathrm{d}}{\mathrm{d}z}H_\varepsilon(z)$，$H_\varepsilon(z)$是正则化的 Heaviside 函数，下列 2 个奇函数都可以作为正则化 Heaviside 函数，ε 可以控制函数在[0,1]之间上升的快慢。

$$H_\varepsilon(z)=\begin{cases}1, z>\varepsilon \\ 0, z<-\varepsilon \\ \frac{1}{2}\left(1+\frac{z}{\varepsilon}+\frac{1}{\pi}\sin\frac{\pi z}{\varepsilon}\right), \text{其他}\end{cases}$$

$$H_\varepsilon(z)=\frac{1}{2}\left(1+\frac{2}{\pi}\arctan\frac{z}{\varepsilon}\right) \tag{4-23}$$

函数导数可以作为式(4-22)中的 $\delta_\varepsilon()$ 函数。式(4-18)属双曲形，式(4-22)属抛物形，相比之下，变分水平集稳定性更高。

### 4.2.2 GAC 模型

GAC(geodesic active contour model，测地线活动轮廓模型)由 V. Caselles，R. Kimmel 和 G. Saprio 提出。设 $L(C)$为闭合曲线 $C$ 的弧长，$L_R(C)$为加权弧长，通过以下最小能量泛函确定活动轮廓：

$$L_R(C)=\int_0^{L(C)} g(|\nabla I[C(s)]|)\,\mathrm{d}s \tag{4-24}$$

此模型基于曲线固有参数弧长，因此避免了依赖自有参数的问题。其对应的梯度下降流为：

$$\frac{\partial C}{\partial t}=g(C)\kappa N-(\nabla g\cdot N)N \tag{4-25}$$

前一项描述了在曲率为正时，曲线向内收缩，为负时，曲线向外扩张，同时，曲线逐渐平滑。由于$\nabla g$ 和 $g$ 增大的方向一致，即总是指向离开边缘的方向。当曲线在物体边界外时，$C(t)$法线方向 $N$ 指向曲线内，$N$ 和$\nabla g$反向，因此$-(\nabla g\cdot N)N$ 和 $N$ 方向一致；如果曲线在物体边界内，

$-(\nabla g \cdot N)N$ 和 $N$ 方向相反，曲线向更接近边界的方向运动。

通过水平集方法实现 GAC 模型，为了避免对噪声的敏感性，采用平滑预处理方法对 $I(x,y)$ 进行预处理：

$$\hat{I}_\sigma(x,y)=I(x,y)*g_\sigma(x,y) \tag{4-26}$$

$\sigma$ 是高斯方差。选择边缘函数：

$$g(r)=\frac{1}{1+(r/K)^p},p=1,2 \tag{4-27}$$

$K$ 是常数，用于控制 $g$ 下降速率。将每个像素梯度值带入 $r$，得到

$$g(x,y)=g(|\nabla\hat{I}_\sigma|) \tag{4-28}$$

采用变分水平集方法引入正则化 Heaviside 函数的梯度下降流为：

$$\frac{\partial u}{\partial t}=\delta_\varepsilon(u)\left\{div\left(g\frac{\nabla u}{|\nabla u|}\right)+cg\right\} \tag{4-29}$$

图 4-3 中实验图像为大小 100×100 的灰度图像，分别对原图、光照不均的图和高噪声图像用 GAC 模型实验。各行分别显示图像原图、初始轮廓、迭代 100、150 和 200 次的运行结果。第一列图像边界清晰，无背景噪声且光照均匀，因此 GAC 模型收缩效果良好，在较短时间内收敛到物体边缘。第二列图像虽然照度不均，收缩比第一列慢一些，但效果仍旧理想。第三列增加了背景噪声，对模型影响很大，极易被噪声干扰。

### 4.2.3　C-V 模型

对于无明显边缘的图像，通过 GAC 模型分割困难，T. Chan 和 L. Vese 提出 C-V 模型，也称为测地线活动区域模型，可以通过图像内部区域和外部区域的平均灰度进行区别。提出以下能量泛函：

$$E(c_1,c_2,C)=\mu\oint_C \mathrm{d}s+\lambda_1\iint_{\Omega_1}(I-c_1)^2\mathrm{d}x\mathrm{d}y+\lambda_2\iint_{\Omega_2}(I-c_2)^2\mathrm{d}x\mathrm{d}y \tag{4-30}$$

式中，$c_1$，$c_2$ 是标量；$C$ 表示曲线；右边第一项表示曲线 $C$ 的全弧长；右边第二项表示内部区域灰度值与 $c_1$ 的平方误差；右边第三项表示外部区域灰

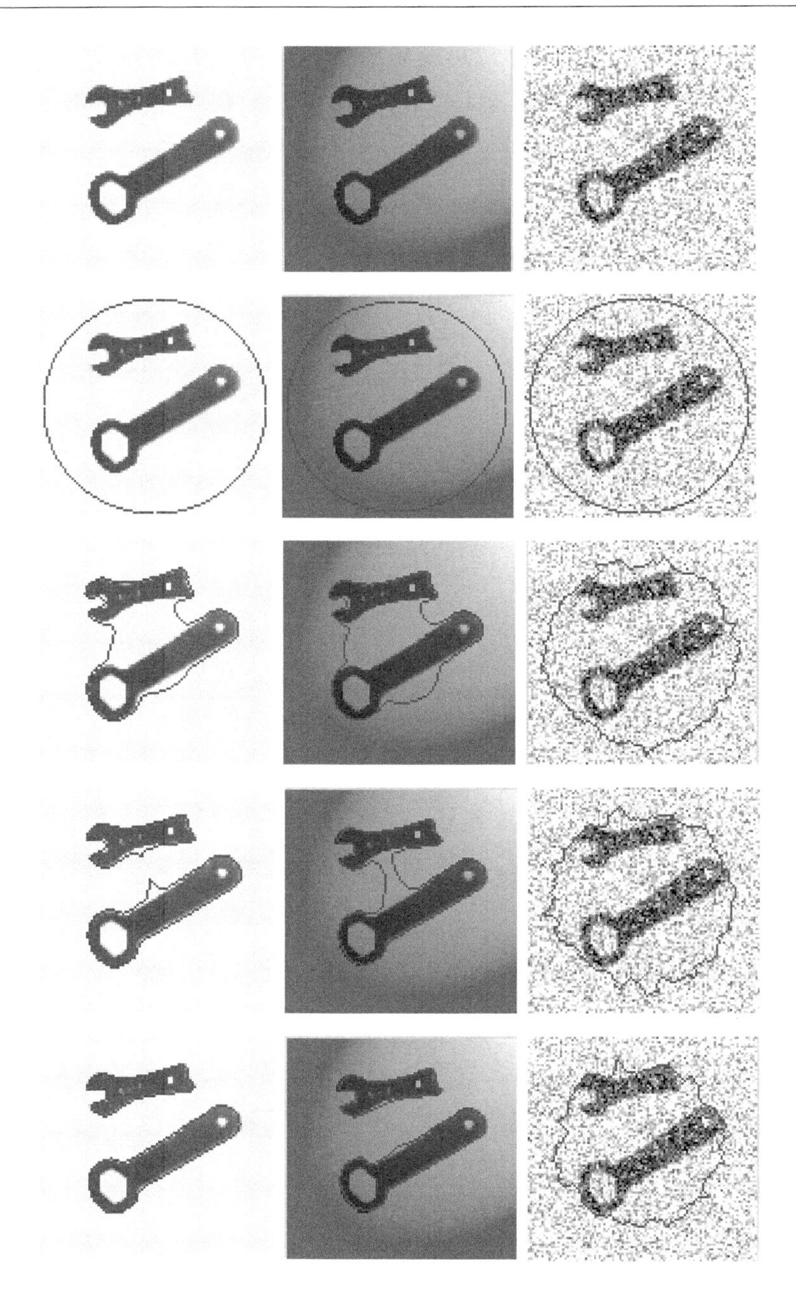

图 4-3　不同环境 GAC 模型检测

度值与 $c_2$ 的平方误差，只有 $C$ 在正确的位置时，二、三两项才能同时达到最小。

在上式中引入 Heaviside 函数，利用变分水平集方法修改成嵌入函数 $u$ 的泛函：

$$E(c_1,c_2,u)=\mu\iint_{\Omega}\delta(u)\mid\nabla u\mid\mathrm{d}x\mathrm{d}y+\lambda_1\iint_{\Omega}(I-c_1)^2H(u)\mathrm{d}x\mathrm{d}y+\lambda_2\iint_{\Omega}(I-c_2)^2(1-H(u))\mathrm{d}x\mathrm{d}y \tag{4-31}$$

在 $u$ 固定的条件下，相对 $c_1,c_2$ 最小化上式，可得

$$c_j=\frac{\iint_{\Omega_j}I\mathrm{d}x\mathrm{d}y}{\iint_{\Omega_j}\mathrm{d}x\mathrm{d}y},j=1,2 \tag{4-32}$$

式中，$c_1$ 为输入图像 $I$ 在曲线内部的平均值；$c_2$ 为图像 $I$ 在曲线外部的平均值。$c_1,c_2$ 固定条件时，相对 $u$ 最小化，得到

$$\frac{\partial u}{\partial t}=\delta_\varepsilon\left[\mu\mathrm{div}\left(\frac{\nabla u}{|\nabla u|}\right)-\lambda_1(I-c_1)^2+\lambda_2(I-c_2)^2\right] \tag{4-33}$$

通过联立可以得到分割结果稳态解。

实验图像为大小 152×152 的灰度图像，分别进行初始值不同和光照不均环境的 GAC 模型分割，结果如下：

如图 4-4 所示，前两列为同一幅噪声图像不同初始轮廓条件下的分割情况，第三列为增加不均照度后的分割情况。在第一列中，初始轮廓较小，上图迭代次数分别为 5、10、20，背景中存在着严重的噪声干扰，但仍很快收敛于边缘处。第二列初始轮廓较大，上图显示了迭代 50、100、300 次的结果，虽然迭代次数较多，速度较第一列慢，但最终分割效果仍很准确，300 帧的时候完全收敛于边界。第三列当照度不均时，算法极易受到光照度干扰，图中为迭代 10、50、300 次的结果，容易陷入局部极值，不能有效分割目标。

### 4.2.4 抗噪声和不均照度的 GC 模型

GAC 模型虽然在图像边缘检测中应用非常广泛，但此模型仅利用局

图 4-4　不同环境 C-V 模型检测

部图像的边缘信息，在边缘不清晰的井下视频图像中，边缘不可能都是理想阶梯边缘，因此分割不准确。C-V模型利用图像同质区域全局信息，有效提高曲线拓扑结构自适应调节的能力，在分割过程中，不要求图像边界清晰，有较好的抗噪能力，但其没有考虑水平集函数的固有内在特性，也没有利用对目标边界信息，因此，边缘定位不准确，对光照极为敏感。本书在研究两种模型的基础上针对噪声大、照度不均的环境，提出了融合GAC和C-V模型的GC模型，该模型较好地将基于边界的分割方法和基于区域的分割方法结合，互补不足。

将C-V模型和利用边缘信息的GAC模型结合，得到以下能量泛函：

$$\begin{aligned}E(c_1,c_2,C) &= E_{\mathrm{GAC}}(C)+E_{\mathrm{C\text{-}V}}(c_1,c_2,C)\\ &= \mu\oint_C g\,\mathrm{d}s+\lambda_1\iint_{\Omega_1}(I-c_1)^2\,\mathrm{d}x\mathrm{d}y+\lambda_2\iint_{\Omega_2}(I-c_2)^2\,\mathrm{d}x\mathrm{d}y\end{aligned} \tag{4-34}$$

边缘函数 $g$ 的引入增强了边缘提取的准确度，用变分水平集改写以上泛函：

$$\begin{aligned}E(c_1,c_2,u) = \mu\iint_\Omega \delta(u)g\,|\nabla u|\,\mathrm{d}x\mathrm{d}y+\lambda_1\iint_\Omega(I-c_1)^2H(u)\,\mathrm{d}x\mathrm{d}y+\\ \lambda_2\iint_\Omega(I-c_2)^2(1-H(u))\,\mathrm{d}x\mathrm{d}y\end{aligned} \tag{4-35}$$

本书采用改进的变分水平集方法对上式进行改进，对于公式

$$E(u)=\iint_\Omega g(x,y)\delta(u)|\nabla u|\,\mathrm{d}x\mathrm{d}y \tag{4-36}$$

仅要在能量泛函式中添加一项让嵌入函数保持为距离函数的扩散项即可，将其变换成：

$$E(u) = \mu\iint_\Omega \frac{1}{2}(|\nabla u|-1)^2\,\mathrm{d}x\mathrm{d}y+\iint_\Omega g(x,y)\delta(u)\,|\nabla u|\,\mathrm{d}x\mathrm{d}y \tag{4-37}$$

对应的梯度下降流为式(4-38)，其中 $u$ 为常数。改进的变分水平集模型可以使嵌入函数近似为距离函数，初始化嵌入函数 $u_0(x,y)$ 的工作可以大大简化，同时可以完全避免重新初始化。

$u$ 固定时，相对于 $c_1$，$c_2$ 最小化，得到如下偏微分方程：

$$\frac{\partial u}{\partial t} = \mu_1\left[\Delta u - \operatorname{div}\left(\frac{\nabla u}{|\nabla u|}\right)\right] + \delta_\varepsilon\left[\mu_2 \operatorname{div}\left(g\frac{\nabla u}{|\nabla u|}\right) - \sum_{i=1}^{m}\lambda_{1i}(I-c_{1i})^2 + \sum_{i=1}^{m}\lambda_{2i}(I-c_{2i})^2\right] \tag{4-38}$$

其中 $\Delta u$ 离散化采用 4 邻点差分格式：

$$(\Delta u)_{i,j} = u_{i+1,j} + u_{i-1,j} + u_{i,j+1} + u_{i,j-1} - 4u_{i,j} \tag{4-39}$$

通过 $\mu$ 控制强迫项作用的大小，在 $\tau\mu \leqslant 0.25$ 的情况下，梯度下降流方案稳定，例如可取 $\tau \approx 0.1$，$\mu \approx 2$。离散算子 div()需要进行离散化。采用“半点离散化”方案。

$$\operatorname{div}\left(\frac{\nabla u}{|\nabla u|}\right) = \frac{\partial}{\partial x}\left(g\frac{u_x}{|\nabla u|}\right) + \frac{\partial}{\partial y}\left(g\frac{u_y}{|\nabla u|}\right) \tag{4-40}$$

由上式得到

$$\operatorname{div}\left(g\frac{u}{|\nabla u|}\right) \approx g_{i,j+1/2}\left(\frac{u_x}{|\nabla u|}\right)_{i,j+1/2} - g_{i,j-1/2}\left(\frac{u_x}{|\nabla u|}\right)_{i,j-1/2} + g_{i+1/2,j}\left(\frac{u_y}{|\nabla u|}\right)_{i+1/2,j} - g_{i-1/2,j}\left(\frac{u_y}{|\nabla u|}\right)_{i-1/2,j} \tag{4-41}$$

用 $u$ 和 $g$ 在整点的值表达上式中每一项。如第一项中，

$$(\nabla u)_{i,j+1/2} = ((u_x)_{i,j+1/2}, (u_y)_{i,j+1/2})$$

$$(u_x)_{i,j+1/2} = u_{i,j+1} - u_{i,j} \tag{4-42}$$

$$(u_y)_{i,j+1/2} = (u_{i+1,j+1/2} - u_{i-1,j-1/2})/2 = (u_{i+1,j+1} + u_{i+1,j} - u_{i-1,j+1} - u_{i-1,j})/4$$

因此

$$\begin{aligned}\left(\frac{u_x}{|\nabla u|}\right)_{i,j+1/2} &= (u_x)_{i,j+1/2} / \sqrt{(\nabla u)^2_{i,j+1/2} + (u_y)_{i,j+1/2}} \\ &= (u_{i,j+1} - u_{i,j}) / [(u_{i,j+1} - u_{i,j})^2 + \\ &\quad (u_{i+1,j+1} + u_{i+1,j} - u_{i-1,j+1} - u_{i-1,j})^2/16]^{1/2} \\ &= C_{1,i,j}(u_{i,j+1}, u_{i,j})\end{aligned} \tag{4-43}$$

其中 $C_{1,i,j} = 1/[(u_{i,j+1} - u_{i,j})^2 + (u_{i+1,j+1} + u_{i+1,j} - u_{i-1,j+1} - u_{i-1,j})^2/16]^{1/2}$

可以相邻的两个"整点"的平均值，近似 $g$ 在"半点"的值：

$$g_{i+1/2,j}=(g_{i+1,j}+g_{i,j})/2 \tag{4-44}$$

其他三项也做如上处理，得：

$$\begin{aligned}\mathrm{div}\left(g\frac{\nabla u}{|\nabla u|}\right)_{i,j}\approx & C_{1,i,j}g_{1,i,j}(u_{i,j+1}-u_{i,j})-C_{2,i,j}g_{2,i,j}(u_{i,j}-u_{i,j-1})+\\ & C_{3,i,j}g_{3,i,j}(u_{i+1,j}-u_{i,j})-C_{4,i,j}g_{4,i,j}(u_{i,j}-u_{i-1,j})\end{aligned} \tag{4-45}$$

接下来便可以使用迎风方案进行计算。

### 4.2.4 实验分析

为了使实验更具一般性，选择开始迭代初始位置为图像边框，对上文高噪声图像和光照不均图像用本书提出的 GC 算法进行分割，结果如图 4-5 所示。

图 4-5 中第一列为 GC 模型迭代 100、140、160 次的结果，分别耗时 1.765 765 s、2.323 580 s、2.686 903 s。第二列为 GC 模型迭代 100、180、250 次的结果，分别耗时 1.240 766 s、2.076 809 s、2.737 885 s。可以看出，通过改进变分水平集实现的 GAC 模型结合 C-V 模型，对上述单独模型无法解决的问题有较好的收敛结果，且收敛速度快，对照度、噪声、模糊等复杂环境有良好的鲁棒性，且在收缩过程中，不光目标的外边界检测清楚，对于内边界，不管是凹陷型还是中空型，都能检测良好，因此对于多目标的轮廓检测有很好的检测效果。

大煤块堵煤仓也一直是困扰煤矿采掘的一个问题，煤仓一般深 50～100 m，如果大煤块落入煤仓后造成堵仓，需要使用炸药，严重情况要处理 2～3 d，严重耽误了采煤运煤的正常工作。现行的做法是每条皮带旁都有岗位工专人负责拣煤块，负担很重，本书通过视频对大煤块能及时检测，提高准确率，减轻岗位工工作压力，通过视频报警和联动装置，防止堵仓事件发生。以下是对煤块进行的分割，图像大小为 100×100。

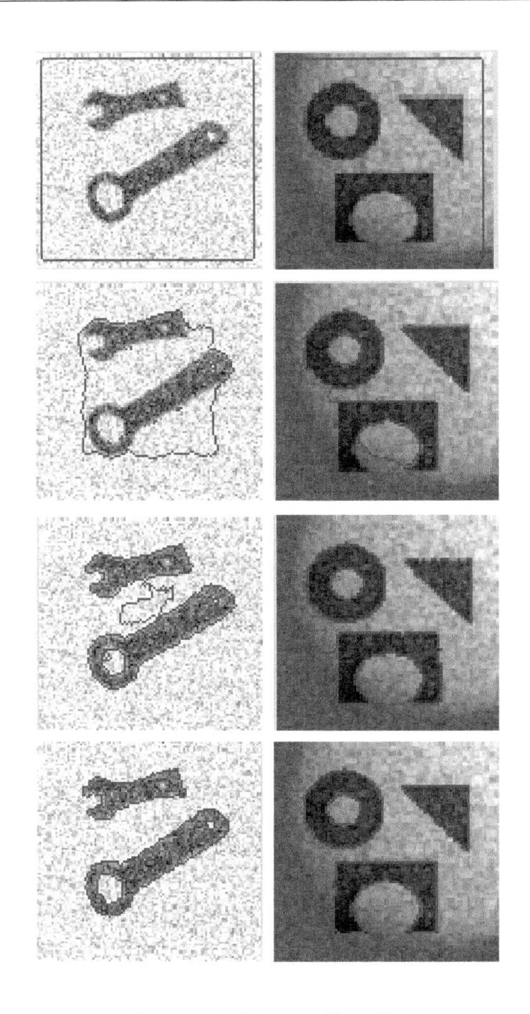

图 4-5　改进的 GC 算法检测

**表 4-1　GAC、C-V 与 GC 模型的比较**

| 图像 | GAC | | C-V | | GC | |
|---|---|---|---|---|---|---|
| | 迭代次数 | 时间/s | 迭代次数 | 时间/s | 迭代次数 | 时间/s |
| 第一行 | 200 | 5.988 483 | 200 | 6.357 725 | 200 | 3.192 216 |
| 第二行 | 300 | 11.818 582 | 300 | 16.818 130 | 200 | 1.988 155 |
| 第三行 | 400 | 13.981 138 | 500 | 24.616 342 | 250 | 4.024 059 |

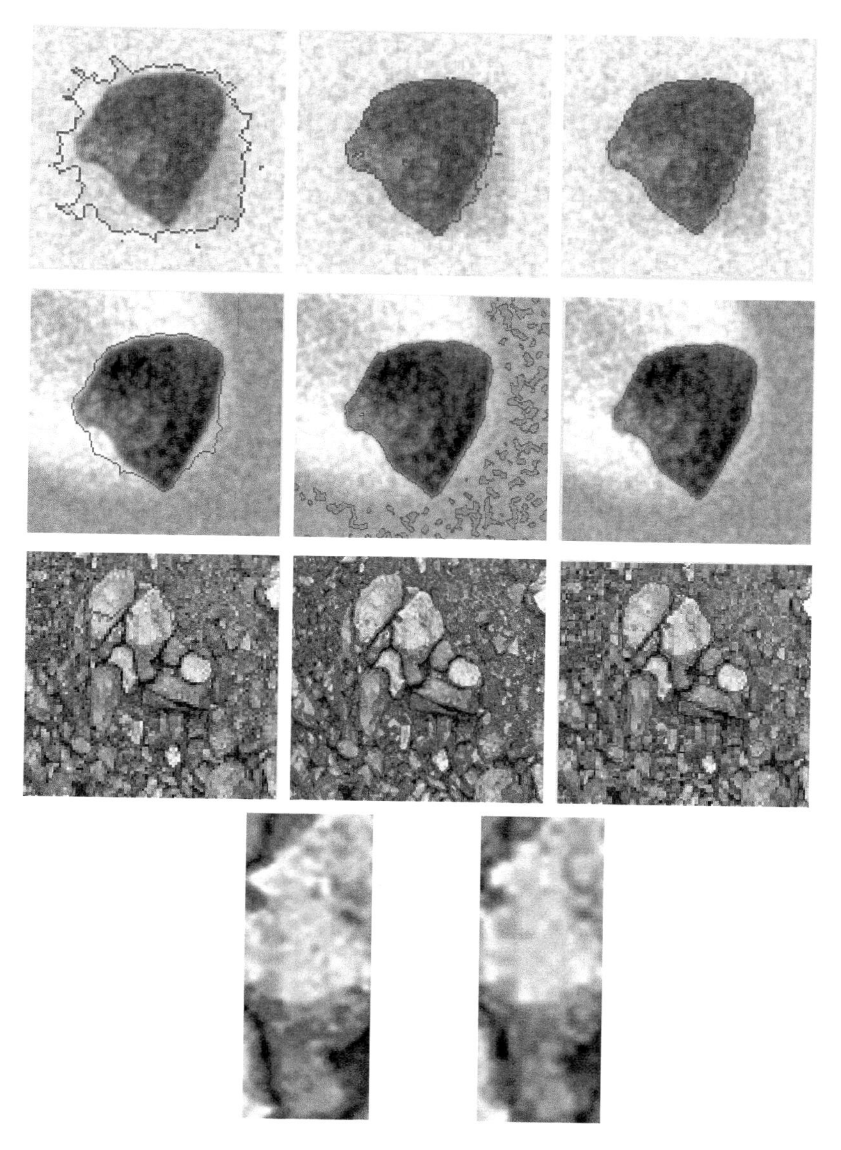

图 4-6 GAC、C-V 与 GC 对煤块的分割

图 4-6 中，前三行分别是 GAC、C-V 与 GC 对不同煤块图像进行分割的结果。第一行中，GAC 模型对含噪声边缘模糊图像得不到正确的分割结果，C-V 与 GC 效果较好，但 C-V 模型分割时间长。第二行由于照度不

均,C-V 模型与 GC 模型对煤块边缘的分割不相上下,但照度低的位置,出现很多零散的小区域,且迭代速度极慢。第三行图中,煤块分散,大小不一,GAC 方法无法对煤块进行分割,GC 方法通过参数调节可以去掉对小煤块的分割。为了更清楚地看到 C-V 和 GC 分割的不同,第四行对第三行中图像进行了部分区域放大。可以看出,C-V 模型虽然看似分割精细,但对于同一煤块,光照颜色灰度有差异的部分会出现过分割现象,如右边大煤块尾部和上部灰度差别较大,C-V 模型认为其是不同煤块,对其进行了分割,且对于散煤,会将其误分割为同一区域。因此结果表明,本书提出的 GC 模型,相比其他模型分割更准确,有更好的抗噪能力,对光照不均的环境有良好的鲁棒性。

## 4.3 融合多种群粒子群算法的 Snake 模型

本书通过多种群协同进化的粒子群算法 PSO 应用于改进的 Snake 模型中,将轮廓线的每个控制点和一个种群对应,每个种群和邻近的种群共享信息,每个种群通过搜索窗口搜索控制点的最佳位置,运用自己的最佳历史信息为每个控制点搜索最佳运动轨迹。每次迭代中基于邻近种群的全局最优值和局部能量在每个种群中计算。每个种群中粒子运动完成时,该种群的全局最优值就是新控制点。

### 4.3.1 粒子群算法

粒子群算法由美国社会心理学家 Kenndy 和电气工程师 Eberhart 提出,该算法模拟鸟集群飞行觅食的行为,通过集体协作使群体达到最优。PSO 算法属于进化算法,算法参数设置少、收敛速度快、实现简单。经过不断发展,该算法已经广泛应用于机器学习、函数优化、信号处理、神经网络训练等领域。

在 PSO 系统中,每个备选解称为一个“粒子”,多个粒子共存、合作寻优，通过迭代寻找最优解，每个粒子根据它自身的“经验”和粒子群的最佳“经验”在问题空间中向更好的位置“飞行”搜索最优解。

4.3.1.1 基本粒子群算法

设搜索空间为 $D$ 维，粒子群由 $m$ 个粒子构成，定义向量 $Z_i=[z_{i1},\cdots,z_{j-1},z_{id},\cdots,z_{iD}]$，$z_{ij}(d=1,2\cdots,D)$ 为第 $i$ 个粒子（$i=1,\cdots,m$）的第 $j$ 维的位置，通过设定的适应值函数可以计算 $Z_i$ 适应值，从而判断粒子的位置是优还是差。$V_i=[v_{i1},v_{i2},\cdots,v_{id-1},v_{id},\cdots,v_{iD}]$，$(d=1,2,\cdots,D)$ 为粒子 $i$ 在 $t$ 时刻 $j$ 维的飞行速度，$P_i=[p_{i1},p_{i2},\cdots p_{id}\cdots p_{iD}]$，$(d=1,2,\cdots,D)$ 为粒子 $i$ 到时刻 $t$ 为止搜索到的历史最优位置，即经历过的位置中具有最好适应值的位置，$P_g=[p_{g1},p_{g2},\cdots p_{gd}\cdots p_{gD}]$，$P_g(t)\in\{P_1(t),\cdots,P_s(t)\}$，$s$ 为群体中的粒子数，$P_g$ 为粒子群在时刻 $t$ 为止搜索到的历史最优位置。

粒子在进化过程中速度和位置更新公式如下：

$$v_{id}(t+1)=v_{id}(t)+c_1r_1(p_{id}(t)-z_{id}(t))+c_2r_2(p_{gd}(t)-z_{id}(t))$$
$$z_{id}(t+1)=z_{id}(t)+v_{id}(t+1) \tag{4-46}$$

$c_1,c_2$ 为加速因子，也叫学习因子，通过向群体中优秀个体学习以及自我总结，不断向历史最优点以及群体历史最优点靠近，通常在 0～2 间取值，$c_1$ 调节粒子飞向自身最好位置方向的步长，$c_2$ 调节粒子向全局最好位置飞行的步长。适当调整 $c_1,c_2$ 可以减少局部极值的困扰，同时加速收敛速度。$r_1,r_2$ 为两个相互独立的随机数，$r_1$ 范围为[0,1]，$r_2$ 范围为[0,1]。

可以看出，上式由三部分组成：第一项体现上一次迭代的速度对下一次速度的影响；第二项是“认知”部分，体现粒子自身的学习；第三项是“社会”部分，体现粒子间的相互协作。体现出粒子根据上次迭代速度、当前位置与自身和群体最好经验的距离更新速度。若只有第一项，粒子将使用同一速度朝同一方向飞行直至边界，除非在粒子飞行轨迹上有最优解，否则很可能找不到最优解。若只有最后两项，则只通过粒子当前和历史的最好位置决定飞行的速度，速度自身没有记忆，粒子的搜索空间会伴随进化而收缩，飞向新位置。

粒子群算法遵循五个基本原则：

① 邻近原则：粒子群可以进行简单的时间计算和空间计算。

② 品质原则：粒子群可以反映周围环境的品质因素。

③ 多样性原则：粒子群活动的时候不应局限于狭窄空间。

④ 定性原则：粒子群在环境改变时不应该改变自身行为。

⑤ 适应性原则：粒子群在计算量可以接受的前提下，在适当时候可以改变行为。

#### 4.3.1.2 算法问题及现有改进方法

基本的粒子群优化算法存在精度低，对环境变化不敏感，容易发生发散和早收敛的问题，且受个体最优粒子 pbest 和全局最优粒子 gbest 影响容易陷入非最优区域。如果最大速度和加速系数等参数太大，可能导致算法不收敛错过最优解；粒子在收敛的时候都向最优解的方向飞，会导致粒子失去多样性，降低后期收敛速度，甚至导致算法收敛到局部最优而非全局最优。Y. Shi 与 R. C. Eberhart 引进了最大速度 $V_{\max}$ 和动态调整惯性权重因子以提高 PSO 算法的收敛性。对于 $\omega$ 的调整策略研究了三种，使粒子速度按照如下公式更新：

$$v_{id}(t+1)=\omega v_{id}(t)+c_1 r_1(p_{id}(t)-z_{id}(t))+c_2 r_2(p_{gd}(t)-z_{id}(t)) \tag{4-47}$$

第一种：线性减小调整 $\omega$ 的值。

惯性权重 $\omega$ 表示新速度受到原有速度影响的权重，用于平衡 PSO 算法全局和局部搜索的能力，$\omega$ 增大则速度的变化范围增大。粒子总是探索新区域，粒子在搜索空间通过较大步长运动。当 $\omega>1.2$ 时，PSO 算法需要增加迭代次数达到全局最优。$\omega$ 减小则速度的变化范围减小，粒子在小范围空间内进行局部搜索。当 $\omega<0.8$ 时，若在初始搜索空间内存在最优解，则容易快速找到全局最优，否则找不到全局最优。$V_{\max}$ 表示 PSO 算法允许的最大速度。

令 $\omega$ 为一个随时间线性变化的函数。

$$\omega=\omega_{\max}-\frac{\omega_{\max}-\omega_{\min}}{iter_{\max}}\times k \tag{4-48}$$

式中，$\omega_{\max}$，$\omega_{\min}$分别为初始惯性和终止的惯性权重；$k$为当前迭代次数；$iter_{\max}$为最大迭代次数。更新过程中，粒子的最大速率不能超过$\omega_{\max}$，迭代过程不断更新pbest和gbest的值，权重$\omega$随着时间线性减少，在局部区域调整解，改善了算法收敛性，使得粒子群算法性能得到提高。

第二种：随机选择$\omega$的值。

PSO算法在执行的过程中具有非线性的特点，因此如果单纯线性改变$\omega$，不能体现算法动态特性。可以通过以下公式动态调节：

$$\omega=0.5-rand()/2 \tag{4-49}$$

通过该公式可以看出，随着最优适应度的变化，$\omega$的值可以自适应调整，灵活提高了调节全局和局部搜索的能力，使得粒子历史速度随机影响当前速度。

第三种：基于模糊系统动态调整$\omega$。

CPSO系统中，输入量可以衡量PSO算法的性能，输出量是惯性权重或其调节量。CBPE（当前最好性能评价）和当前惯性权重$\omega$被作为系统的输入，通过制定模糊推理规则和隶属度函数，确定$\omega$增量。CBPE需要转换为规范形式以应用于各种优化问题。比如在最小化问题求解过程中，CBPEmin和CBPEmax分别为最小估计和非最优值，表示当CBPE大于或等于CBPEmax的时候此解不可行，需要将其进行规范化，规范形式为：

$$NCBPE=\frac{CBPE-CBPE_{\min}}{CBPE_{\max}-CBPE_{\min}} \tag{4-50}$$

模糊变量都有低、中、高三种模糊状态，隶属度分别是：LeftTriangle、Triangle和RightTriangle。

LeftTriangle隶属度函数表示如下：

$$\omega_{iter}=\begin{cases}\omega_{\min}+\dfrac{(\omega_{\max}-\omega_{\min})(\mathrm{Fitness}-\mathrm{Fitness}_{\min})}{\mathrm{Fitness}_{avg}-\mathrm{Fitness}_{\min}} & \mathrm{Fitness}\leqslant\mathrm{Fitness}_{avg}\\ \omega_{\max} & \mathrm{Fitness}>\mathrm{Fitness}_{avg}\end{cases} \tag{4-51}$$

$$\omega(t+1)=4.0\omega(t)(1-\omega(t)\in(0,1))$$

Triangle 隶属度函数表示如下：

$$f_{\text{Triangle}}=\begin{cases}0, & x<x_1\\ \dfrac{2(x-x_1)}{x_2-x_1}, & x_1\leqslant x\leqslant\dfrac{x_2+x_1}{2}\\ \dfrac{2(x_2-x)}{x_2-x_1}, & \dfrac{x_2+x_1}{2}<x\leqslant x_2\\ 0, & x>x_2\end{cases}\tag{4-52}$$

RightTriangle 隶属度函数表示如下：

$$f_{\text{RightTriangle}}=\begin{cases}1, & x<x_1\\ \dfrac{x-x_1}{x_2-x_1}, & x_1\leqslant x\leqslant x_2\\ 0, & x>x_2\end{cases}\tag{4-53}$$

隶属度函数如下：

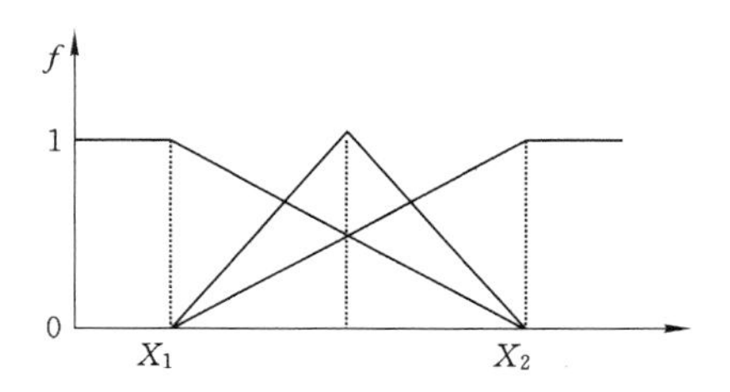


图 4-7　隶属度函数

此方法虽然可以更多地通过历史粒子的信息进行调整，但计算量较大。

Clerc 提出试用收缩因子保证 PSO 算法收敛。带收缩因子的 PSO 算法 ClercPSO 公式为：

$$v_{\text{id}}(t+1)=\chi[v_{\text{id}}(t)+c_1r_1(p_{\text{id}}(t)-z_{\text{id}}(t))+c_2r_2(p_{\text{gd}}(t)-z_{\text{id}}(t))]$$

$$\chi=\frac{2}{\left|2-l-\sqrt{l^2-4l}\right|},l=c_1+c_2,l>4\tag{4-54}$$

式中，$\chi$ 是 $c1$，$c2$ 的函数，通过收缩因子 $\chi$ 保证 PSO 算法收敛，设 $l=4.5$，

$\chi=0.5$,更新速度的时候,本次迭代速度即为 0.5 乘以前次速度。实验证明该方法中最好 $Z$ 效果是设置 $v_{max}=z_{max}$。

Chatterjee 提出 $\omega$ 的非线性调整方法,按照如式(4-55)进行更新:

$$\omega_{iter}=f(iter)=\left\{\frac{(iter_{max}-iter)^n}{(iter_{max})^n}\right\}(\omega_{initial}-\omega_{final})+\omega_{final} \tag{4-55}$$

式中,$\omega_{initial}$表示初始惯性权重的值;$\omega_{final}$表示惯性权重的终止值。

Jiang 等人通过如下惯性权重调整公式进行更新:

$$\omega(t+1)=4.0\omega(t)(1-\omega(t)) \tag{4-56}$$

其中 $\omega(t)\in(0,1)$,$\omega(t)$表示迭代次数为 $t$ 时的惯性权重。

Liu 等人提出根据粒子适应度调整 $\omega$,调整公式如下:

$$\omega_{iter}=\begin{cases}\omega_{min}+\dfrac{(\omega_{max}-\omega_{min})(\text{Fitness}-\text{Fitness}_{min})}{\text{Fitness}_{avg}-\text{Fitness}_{min}} & \text{Fitness}\leqslant\text{Fitness}_{avg}\\ \omega_{max} & \text{Fitness}>\text{Fitness}_{avg}\end{cases} \tag{4-57}$$

其中 Fitness 表示粒子适应度,$\text{Fitness}_{min}$表示粒子最小适应度,$\text{Fitness}_{avg}$表示粒子平均适应度。该式将当前和平均适应度的值进行比较,从而决定下次迭代时候的 $\omega$ 的值。

### 4.3.2 多种群自适应优化改进 Snake 算法

#### 4.3.2.1 粒子群种群初始化

通过上文改进的 Snake 模型快速粗收敛目标轮廓,虽有可能产生过收敛或欠收敛现象,但可以减少计算量,并且进行粒子初始化定位。本书用粒子群中的每个粒子描述一条完整的活动轮廓曲线,通过粒子群优化算法对活动轮廓模型进行优化。粒子群体 $Z$ 用于全局搜索,粒子群 $Z^r$ 用于局部搜索,其中($r=1,\cdots,M$),$M$ 表示粒子群体规模。使用前面离散化的向量 $V$ 表示粒子群 $Z$ 中的粒子 $Z_i$,$i$ 为第 $i$ 个粒子,$V=(v_1,\cdots,v_d,\cdots,v_D)$,$d=1,\cdots,D$,活动轮廓曲线上的第 $d$ 个控制节点 $z_{id}=v_d$,即粒子的第 $d$ 维。

#### 4.3.2.2 全局搜索

单个粒子的每一维都向群体历史最佳位置靠近，其中 $t+1$ 时刻速度 $V$ 由 $t$ 时刻速度、$t$ 时刻粒子历史最优位置与 $t$ 时刻粒子位置的距离、$t$ 时刻的粒子群的历史最优位置与 $t$ 时刻的粒子位置的距离决定。图 4-8 是全局粒子群 $Z$ 中的两粒子 $a$ 和 $b$，分别用实线和点划线表示，若粒子 $a$ 为群体最优，则 $b$ 在群体和自身历史最佳经验的共同作用下向粒子 $a$ 移动。全局粒子群中每个粒子可以并行计算，增大了粒子的个数和搜索空间，从而避免因为过早收敛陷入局部最优，同时，并行计算也不会因为粒子的增加导致计算时间的增加。

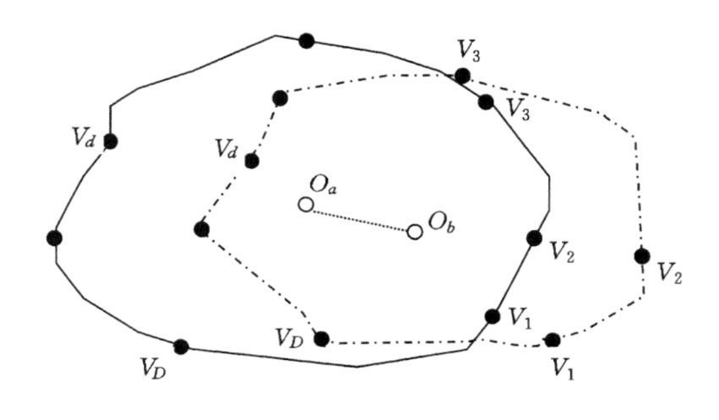


图 4-8 全局搜索

#### 4.3.2.3 局部搜索

在粗收敛后的曲线上选择间隔大致相同的 $D$ 个离散点，轮廓上曲线控制点的个数即为 $D$，设第 $d$ 个控制点的 $x$，$y$ 轴坐标分别为 $x_d$ 和 $y_d$，则构造图像区域中心 $O$ 的坐标为各个控制点的平均值：

$$x_o = \frac{\sum_{d=1}^{D} x_d}{D} \quad y_o = \frac{\sum_{d=1}^{D} y_d}{D} \tag{4-58}$$

在粒子进化过程中，不仅要求当上一代图像外部的控制点能在以后迭代中向内收缩到图像边缘，且当上一代控制点位于边缘内部时，在以后迭代过程中能向外扩展，不断逼近图像轮廓边缘。

以 $O$ 为中心，向图像边缘发散构造 $n$ 条直线 $L_d(d=1,2,\cdots,D)$，在点 $O$ 和控点 $v_d$ 的直线上分别选取位于边缘外和边缘内的两个点 $s_{1,d}$ 和 $s_{m,d}$，$s_{1,d}$ 坐标为

$$x_{s_{1,d}}=\frac{2(x_{v_d}-x_o)}{3}+x_o+\beta y_{s1,d}=\frac{2(y_{v_d}-y_o)}{3}+y_o+\lambda\beta \tag{4-59}$$

$s_{1,d}$ 位于距离 $O$ 点和点 $v_d$ 的 2/3 处，$s_{m,d}$ 为点 $s_{1,d}$ 关于控点 $v_d$ 沿着直线方向外延长线上的对称点，局部区域粒子群 $Z^i$ 在 $s_{1,d}$ 和 $s_{m,d}$ 之间进行搜索，在 $s_{1,d}$ 和 $s_{m,d}$ 之间平均分成 $m$ 等份，重复 $D$ 次，得到由 $m$ 个粒子构成的粒子群，表示为：$s_{1,d},s_{2,d},s_{3,d},\cdots,s_{m,d}$。通过计算直线 $L_d$ 上每个点的梯度值，寻找接近目标的控制点，梯度最大的点是位于图像轮廓上的点。$\beta$ 是常量，$\lambda$ 是直线 $s_{1,d}$ 和 $s_{m,d}$ 的斜率，当粒子在搜索过程中陷入局部最优的时候，可以增加 $\beta$ 的值，调整 $s_{1,d}$、$s_{m,d}$ 到 $v_d$ 的距离，从而增大搜索的空间，使得粒子向全局最优去搜索。由上式可知，局部粒子群的搜索空间在全局粒子群到达稳定状态之前是动态变化的，所以全局粒子上的控点在轮廓变化的时候会产生新的中心点 $O'$，搜索范围也由原来的 $[s_{1,d},s_{m,d}]$ 变为 $[s'_{1,d},s'_{m,d}]$，进化过程中不会改变控制点的总数。每个控制点通过每个局部粒子群本身最佳历史信息搜索最好的运动轨迹，对于每个粒子，用最小化能量函数进行优化操作。

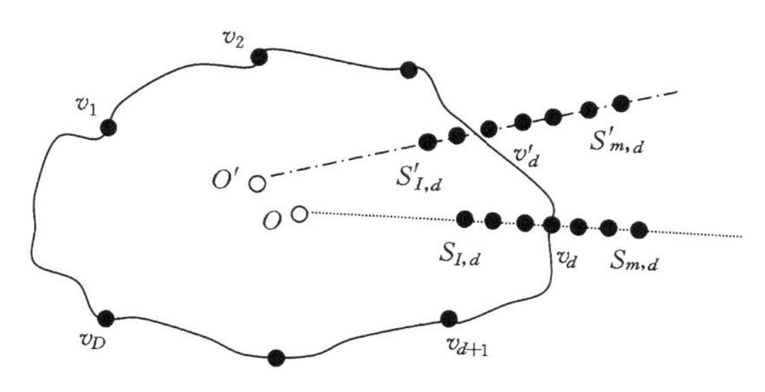


图 4-9　局部粒子群搜索空间

粒子群收敛质量的好坏和收敛速度的快慢受搜索策略的影响。本书算法中，局部搜索过程中速度是自动调节的，根据图像自身特点，边缘处

的梯度最大。可以将粒子 $Z_k^r$ 的第 $d$ 维的速度变化情况与图像的梯度结合起来，采取贪心策略，$t$ 时刻，当粒子 $d$ 维 $z_{kd}^r = v_d$ 位于图像的边缘上，改变速度大小；否则，根据式(4-46)对其进行位置和速度的改变。

#### 4.3.2.4 自适应学习策略

惯性权重 $\omega$ 对于全局寻优以及收敛速度的大小都有很大影响，不少学者提出各种策略改进权重取值。但现阶段对惯性权重只是迭代次数的一元函数，PSO 算法是一个非线性、复杂的寻优过程，其线性和非线性策略的改进，使得同一代粒子群中粒子拥有同样的惯性权重，没有考虑到粒子之间搜索的差异，不能真实地反映搜索全局最优所需过程。

为了使算法具有更好的搜索性能，要求 $\omega$ 必须是非线性的，并能动态执行局部和全局搜索。本书考虑粒子间运动的差异，提出一种新的自适应学习策略，根据不同粒子状态设置不同的惯性权重，摆脱单纯所依赖迭代次数的约束，使粒子快速靠近最优解，改进算法实现简单、计算量小，收敛速度和全局寻优方面都有所提高。

现有大部分优化算法通过惯性权重同时改变粒子各维数值，通过更新后的适应值判断适应程度，兼顾不了所有维的优化方向，且只能通过适应值判断解的整体质量好坏，并不能判断某一维是否朝着最优方向运动。因此对于高维函数，传统方法不能兼顾所有维的方向。新算法可以使不同粒子个体在不同维水平上更新之前事先分析速度更新的状况，从而决定本次迭代的速度，避免同时更新整个粒子群的速度和位置矢量，解决传统算法不分析之前速度更新的问题。

新算法中，每个粒子按照以下公式迭代更新速度和位置。下式中 $t$ 表示迭代次数，范围[1,2,3,…,$N$]，$d$ 表示维数，范围[1,2,3,…,$D$]，$r_3$ 是随机数，范围[0,1]，$\varphi/\lambda$ 为学习因子，可以根据粒子之前的速度决定下次运行速度。$\chi/\varepsilon t$ 为多样性因子，$f$ 为适应值评估函数。

$$v_{id}(t+1) = \varphi/\lambda * (v_{id}(t) + c_1 r_1 (p_{id}(t) - z_{id}(t)) + c_2 r_2 (p_{gd}(t) - z_{id}(t))) + r_3 * \chi/\varepsilon t$$

$$\begin{cases} z_{id}(t+1)=z_{id}(t)+v_{id}(t+1), & f(x_{i1}(t))>f(x_{i2}(t)) \\ z_{id}(t+1)=z_{id}(t), & f(x_{i1}(t))\leqslant f(x_{i2}(t)) \end{cases} \tag{4-60}$$

粒子的各维运动速度由两部分构成:带有学习因子的速度部分和多样性因子部分。

对于学习因子部分:除了使粒子具备自我总结和向群体中优秀的个体进行学习的能力之外,通过学习因子的调整,可以根据之前速度动态更新本次迭代速度矢量。当粒子在迭代过程中,适应值好于之前适应值,则可以增加搜索速度,提高 $\varphi$ 倍。当本次迭代速度增加为 $\varphi$ 倍,但由于速度过大,在本次迭代时,位置矢量跳过了最优位置,即上一次迭代适应值改善但本次迭代没有改善,此时应将学习因子中 $\lambda$ 的值设置为 4,降低速度子矢量,从而更好地进行全局最优点的搜索;当粒子在若干次迭代之后适应值始终没有得到改善,根据上式,带有学习因子的速度部分会减小到一个很小的值,设定最小速度 $v_{min}$,如果小于预先设定的最小速度,则第一部分为零,此时,第二部分多样性因子其主导作用,帮助粒子跳出局部最优,使粒子具有多样性,搜索更大空间。

对于多样性因子部分:粒子群优化前期,粒子运动较快,趋向全局搜索,随着迭代次数 $t$ 的增加,粒子群逐渐向局部搜索转变,多样性因子部分的值不断下降,通过 $\chi$ 可以控制随机数 $r_3$ 的幅度,$\varepsilon$ 可以控制多样性因子减少的幅度。

当粒子位置同此粒子当前最优和群体最优一致的时候,由于之前惯性因子和速度不为零会远离最优位置,致使算法不收敛。如果所有粒子速度接近零并赶上粒子群中最佳粒子的时候会丧失群体多样性,使粒子群停滞,认为算法收敛,粒子也停止移动,此时粒子缺乏多样性,长期位于局部最优,不能向全局最优收敛,失去进一步进化的功能。因此需要通过遗传算法的变异技术改进。

在粒子每次迭代的时候,可以通过粒子变异去掉适应值最差的 $M$ 个粒子,在搜索区域内重新生成 $M$ 个粒子,变异概率一般取 0.1~0.3。此

方法扩大了搜索空间，使得目前最佳搜索点之外的点可以被搜索到，解决易陷入局部最优的问题，更新全局最优点。设第 $i$ 个粒子的适应度为 $f_i$，$m$ 个粒子的平均适应度为 $f_{avg}$，粒子群群体适应度为 $\sigma^2$，$f$ 是归一化定标因子，可以用于限制 $\sigma^2$ 大小，$\sigma^2$ 值越小，粒子群越容易陷入局部最优。当 $\max\{|f_i - f_{avg}|\} > 1$时，$f = \max\{|f_i - f_{avg}|\}$，否则为 1。

PSO 算法中，粒子各自迭代，相邻粒子没有约束作用。PSO 算法早期收敛快，但运行后，在接近最优解的时候存在各自实值函数最优化问题。遗传学中的育种算法和 PSO 算法结合，可以将随机产生的粒子群体和粒子群优化算法产生的新的一组粒子进行育种运算，产生的新个体进行自适应学习更新，更新的结果作为下一代粒子群。

由用户设置育种的概率为 $P$，将一定数量标记的长辈粒子放入池中，随机两两结合进行育种，直到标记粒子为空，被后代粒子群代替。选择育种粒子时和粒子的适应值无关。为保持粒子数目不变，产生相同数量的子粒子，替代原有长辈粒子。子粒子每一维的速度和位置由长辈粒子的速度位置决定。设 $C_1$，$C_2$ 表示子粒子，$P_1$，$P_2$ 表示长辈粒子，$x_d$ 表示粒子在 $d$ 维的位置向量，$p_d$ 表示各方向概率，范围在[0，1]之间，位置和速度的迭代公式如下：

$$
\begin{aligned}
C_1(x_d) &= P_1(x_d) * p_d + P_2(x_d) * (1 - p_d), \\
C_2(x_d) &= P_2(x_d) * p_d + P_1(x_d) * (1 - p_d) \\
C_1(v_d) &= \frac{P_1(v_d) + P_2(v_d)}{|P_1(v_d) + P_2(v_d)|} * |P_1(v_d)|, \\
C_2(v_d) &= \frac{P_1(v_d) + P_2(v_d)}{|P_1(v_d) + P_2(v_d)|} * |P_2(v_d)|
\end{aligned} \tag{4-61}
$$

对于多局部极值的情况，育种方法使得在不同局部最优位置的粒子通过育种可以使后代子粒子逃脱局部最优，扩大了搜索空间，找到更好的解。

### 4.3.3 算法步骤

根据以上提出的改进技术，本书自适应学习多样性杂交粒子群优化轮廓提取算法流程如下：

Step1：将初始轮廓用上文改进的 Snake 算法进行粗收敛后离散化曲线控制点 $v_d$，$d=[1,2,3,\cdots,D]$。

Step2：初始化全局种群。全局粒子 $Z=(v_1,\cdots,v_j,\cdots,v_m)$，初始化其速度 $V_i$。

Step3：计算粒子群搜索空间，由粒子 $Z$ 衍生并初始化局部粒子群 $Z_i$。

Step4：适应度函数选择 Snake 模型的能量极小函数。通过活动轮廓能量函数计算粒子适应值衡量粒子位置优劣，如果当前位置好，则设置粒子当前位置为粒子历史最优值并和所有粒子的最优位置进行比较，选择最优的一个作为种群历史最好位置 $p_{\mathrm{gd}}$。

Step5：每个粒子速度和位置更新按照式(4-59)计算。

Step6：Step4 中的粒子选择部分按照式(4-60)育种，形成新种群，交叉概率为 $p_{\mathrm{d}}$。

Step7：粒子群群体适应度 $\sigma^2$ 小于指定值时，对于育种后产生的新种群按照概率 $p$ 选择部分粒子进行变异，产生新种群。

Step8：如果进化次数已经达到最大迭代次数，或者图像轮廓边缘到达的点个数等于粒子维数则停止迭代，否则转 Step3。

### 4.3.4 实验分析

以下是上文改进的自适应粒子群优化算法的测试，测试采用 4 个不同的单峰、多峰函数，如表 4-2 所列。

表 4-2 测试函数

| 函数编号 | 函数名 | 函数 | 搜索范围 |
| --- | --- | --- | --- |
| $f_1$ | Sphere | $f_1(x)=\sum_{i=1}^{n}x_i^2$ | $-100\leqslant x_i\leqslant 100$ |
| $f_2$ | Rosenbrock | $f_2(x)=\sum_{i=1}^{n}[100(x_{i+1}-x_i^2)^2+(x_i-1)]^2$ | $-30\leqslant x_i\leqslant 30$ |

表 4-2(续)

| 函数编号 | 函数名 | 函数 | 搜索范围 |
| --- | --- | --- | --- |
| $f_3$ | Griewank | $f_3(x)=\frac{1}{4\ 000}\sum_{i=1}^{n}x_i^{\ 2}-\prod_{i=1}^{n}\frac{x_i}{\sqrt{i}}+1$ | $-600\leqslant x_i\leqslant 600$ |
| $f_4$ | Rastrigin | $f_4(x)=\sum_{i=1}^{n}[x_i^{\ 2}-10\cos(2\pi x_i)+10]$ | $-5.12\leqslant x_i\leqslant 5.12$ |

表 4-2 中 Sphere 函数是非线性对称单峰函数，此函数较为简单，不同维之间可以分离，主要用此函数测试算法的寻优精度。Rosenbrock 函数是病态的难以极小化的二次函数、单峰，可提供的搜索信息很少，难以辨认搜索方向找到全局最优点，所以经常用此函数评价算法执行性能高低。Griewank 函数具有多峰、旋转、不可分离、可变维数的特点。局部最优的范围随着维数的增加范围越来越窄，相对容易找寻全局最优值。随着维数不断增加，可能忽略掉局部最小区域。Rastrigin 函数在 Sphere 函数的基础上通过余弦函数生成大量局部极小值，容易使算法收敛于局部最优而找不到全局最优解，是一个典型的复杂多峰函数。

将本书自适应学习算法与随机选择 $\omega$PSO 算法、线性减小 $\omega$ 的 PSO 算法、引入收缩因子的 ClercPSO 算法，利用上述 4 个测试函数进行比较，其中 $c_1=1.5$，$c_2=1.5$，$\omega$ 从 1.2 线性递减到 0.9。在 ClercPSO 算法中，收缩因子取0.729。本书算法中，$\chi$ 决定迭代搜索的步长，$\chi$ 值增大或者 $\varepsilon$ 值减小，都会提高全局搜索的能力，避免收敛于局部最优值。但是若 $\chi$ 值过大，或者 $\varepsilon$ 值过小，则会找不到高精度适应值，降低了算法的寻优精度，因此为了协调好局部搜索和全局搜索的能力，$\chi$ 应该根据搜索范围的不同而不同。$\varepsilon$ 取值较大，接近全局最优的时候可以提高搜索精度，但容易收敛于局部最优，减小了搜索范围，因此针对函数局部最优点多的情况，$\varepsilon$ 选取较小值，否则可以选取较大值提高精度。$\varphi$，$\lambda$ 对算法的结果影响不大。在上述 4 种测试函数中，本书分别选择 $\chi=15,4.5,90,0.8$，$\varepsilon=1$，$\varphi=2$，$\lambda=4$。将三种算法的种群维数设置为 20，规模为 30，最大迭代次数为 2 000，将每种算法实验运行 100 次，结果如下：

由图 4-10 看出，本书 PSO 优化算法在求解能力上优于随机选择、线性减小 $\omega$ 的 PSO 算法和 ClercPSO 算法。Sphere 和 Rosenbrock 单峰函数重点考察粒子群局部搜索能力，Griewank 和 Rastrigin 多峰函数重点考察全局综合搜索的能力，均取得较好效果。说明相同迭代步长的前提下，尤其是在复杂的非线性环境中，本书算法收敛速度更快，可以获得更好的适应度值。在避免陷入局部最优，跳出早熟收敛区域、寻求全局最优能力上有较好的应用前景。

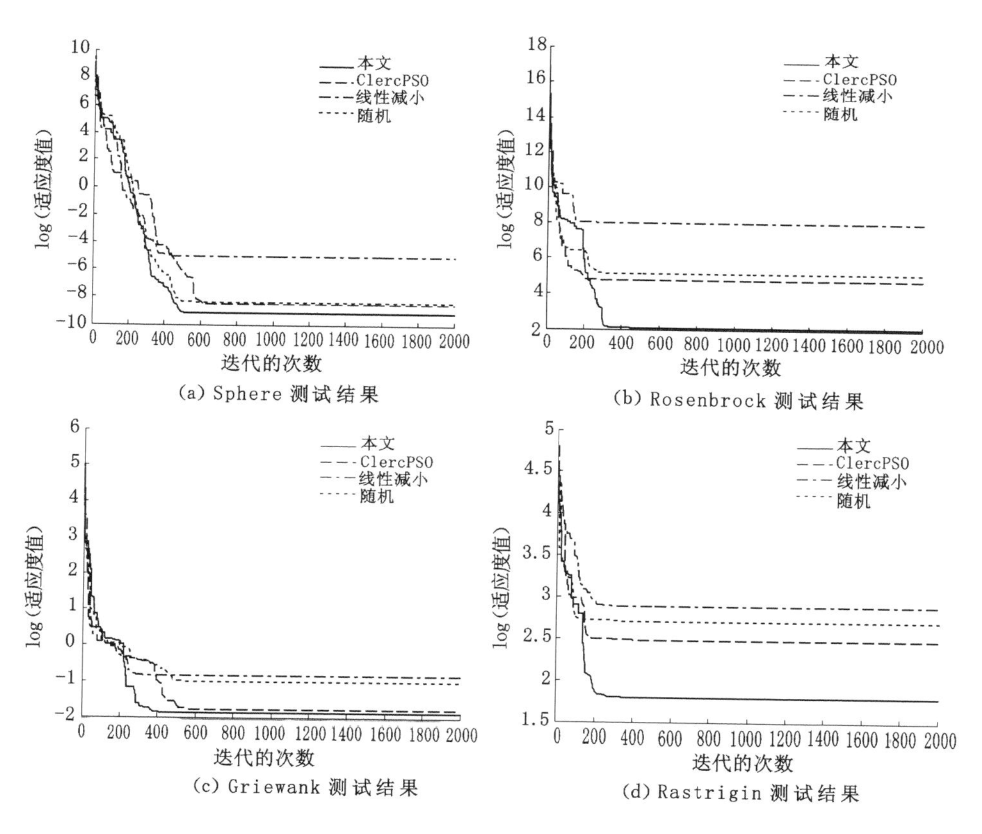

(a) Sphere 测试结果　(b) Rosenbrock 测试结果
(c) Griewank 测试结果　(d) Rastrigin 测试结果

图 4-10　测试函数验证

为了证实算法有效，图 4-11 中选取 3 幅 200×200 图像，分别应用传统 Snake 算法、GVF-Snake 算法和本书算法进行比较。Snake 模型参数选

择 $\alpha=1.2,\beta=0.8,\gamma=1$。本书算法多尺度小波能量粗收敛时方向参数 $k$ 为 1，能量系数 $\alpha=1.5,\beta=0.4,\eta=0.5,\gamma=1$，收敛速度快，精确收敛时系数变换为 $\alpha=0.4,\beta=1,\gamma=1$。分别测试了绘制图形、医学图形和实验室模拟井下环境图形。

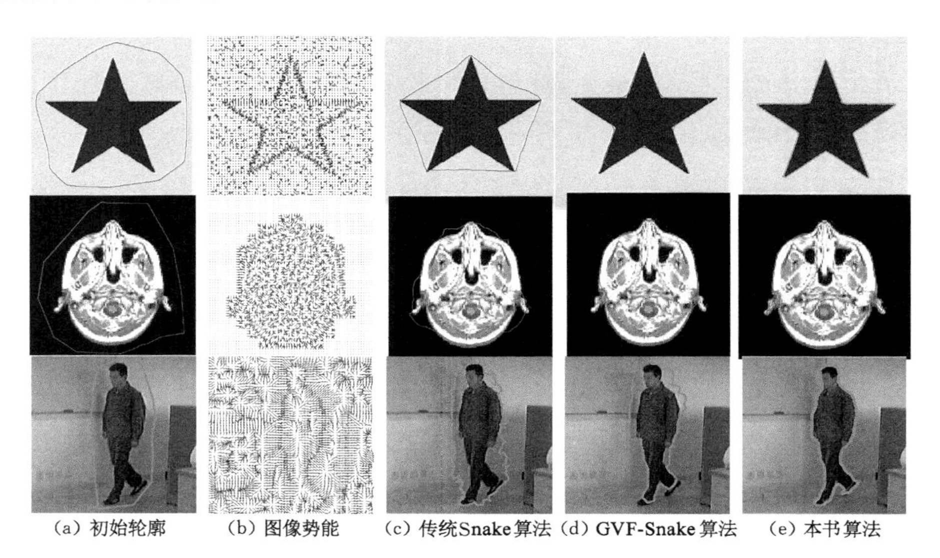


图 4-11 不同算法轮廓提取比较

对于实验室模拟井下图像，在用活动轮廓粗收敛后，分别用随机选择 ωPSO 算法、线性减小 ωPSO 算法、ClercPSO 和本书算法进行比较，设置最大迭代次数为 2 000，若超过此值仍未收敛到最优解，则认为本次运行失败，种群规模为 30，运行 100 次。

**表 4-3 不同算法性能比较**

| 算法 | 最小迭代次数 | 平均迭代次数 | 最大迭代次数 | 成功率/% | 平均运行时间 |
|---|---|---|---|---|---|
| 线性减小 ωPSO | 152 | 256.746 4 | 482.354 6 | 89.62 | 1.214 5 |
| 随机选择 ωPSO | 148 | 221.365 4 | 456.324 5 | 91.88 | 1.064 7 |
| ClercPSO | 129 | 178.357 8 | 325.445 7 | 91.91 | 0.642 8 |
| 本书算法 | 75 | 112.357 4 | 124.245 6 | 99.46 | 0.186 4 |

图 4-12 井下环境目标检测

通过实验结果图 4-10 和表 4-3 可以看出，传统算法收敛不到凹陷区域边缘，改进的 GVF 算法虽然可以向凹陷区域收敛，但容易过收敛，对于照度低、分辨率差噪声高的实验室图像，前两种算法容易受到干扰而陷入局部最优，收敛效果不理想。而由图 4-10(e)和图 4-11 中央泵房和变电所图像实验结果可以看出，新算法对轮廓初始位置依赖性不强，收敛到的边界更加准确。

## 4.4 本章小结

PSO 算法属于进化算法，参数设置少、收敛精度高、实现简单。测试函数的结果表明本书改进的 PSO 算法在单峰、多峰函数中均能较快收敛于较小适应度值，适合应用于复杂的非线性环境中。将其和改进的自适应拓扑结构调整的 Snake 模型结合进行轮廓检测可以更好地收敛于边缘凹处，在扩大搜索区域的同时具有更好地全局优化能力。和其他轮廓检测算法相比，本书算法对噪声有较好的鲁棒性，轮廓收敛准确高效，可以应用与煤矿复杂环境及其他领域。

由实验可知，C-V 算法不受初始位置的影响，抗噪能力强，这两点是 GAC 模型所不能及的，但对照度即为敏感，因此直接将 GAC 模型或 C-V 模型直接应用于噪声大、照度不均的井下环境是不合适的。GC 模型的提出能有效检测大煤块,通过计算大煤块的面积可以判断是否预警,从而有效防范大煤块堵仓事件的发生,在煤矿安全监控中有一定的应用价值。

# 5 基于 Camshift 复杂环境目标跟踪

复杂背景运动目标跟踪是目前智能视频监控领域的核心问题。近几年学者提出的跟踪算法中，基于差分的光流法算法复杂，实时性差，复杂环境中极易失效；基于 Kalman 滤波的跟踪方法由于算法本身要求目标运动状态满足高斯分布的假设，将其用于非高斯非线性的复杂环境时容易跟踪失败；粒子滤波算法通过估计目标状态实现跟踪，有较强的抗干扰能力，但计算量大且存在粒子退化现象。Camshift 在诸多算法中，以其计算简单、时实行高的特点近年来被广泛应用。Y. Cheng 提出的 Meanshift 均值漂移算法是一种无参基于核密度的模式快速匹配算法，广泛应用在模式识别和计算机视觉领域，但用其进行目标跟踪无法实现目标模型的更新，且当尺寸变化时易丢失目标。Gary R. Bradski 等人在 Meanshift 基础上建立了 Camshift 算法，将均值漂移算法扩展到目标跟踪领域，通过自动窗口调节适应目标尺寸变化，利用图像颜色概率的分布特征跟踪目标。

图像颜色特征有良好的旋转、尺度不变特性，不受目标形状变化影响，对目标姿态变化不敏感，具有计算量小，实时性高的优点，现有算法及改进方法大多采用颜色特征来表示目标模式。但遇到场景复杂，背景颜色和目标相近，亮度不均或噪声高的环境时容易受干扰物影响导致跟踪失败。有学者在算法中引入基于贝叶斯概率框架的特征模型，但因计算量高，实时性难达到。本书针对煤矿井下特殊环境，提出有较强抵抗背景噪声、光照不均、颜色相近等问题的新算法，算法在 Camshift 算法基础上将 HSV 颜色模型量化后和 LTP 纹理局部三值模式及边缘特征融合，并通过制定各特征贡献度决定权值。新算法计算复杂度低、搜索速度快，对井下复杂环境跟踪目标有良好的鲁棒性。

## 5.1 Meanshift 算法

### 5.1.1 Meanshift 算法概述

Camshift 算法的核心是 Meanshift，设 $q_u$ 为目标参考颜色分布，$\hat{p}_u(y_i)$ 为第 $i$ 帧目标的颜色分布，通过 Bhattacharrya 系数 $\hat{\rho}(y)$ 度量颜色分布的相似度。设新目标中心为 $y_{i+1}$，在 $i+1$ 帧中通过寻找 $y_{i+1}$ 使得 $\hat{p}_u(y_{i+1})$ 和 $q_u$ 最相似。

$$\hat{\rho}(y_{i+1}) = \sum_{u=1}^{m}\sqrt{\hat{p}_u(y_{i+1})q_u} \approx \frac{1}{2}\sum_{u=1}^{m}\sqrt{\hat{p}_u(y_i)q_u} + \frac{1}{2}\sum_{u=1}^{m}\hat{p}_u(y_{i+1})\sqrt{\frac{q_u}{\hat{p}_u(y_i)}} \tag{5-1}$$

$q_u$ 和 $\hat{p}_u(y_i)$ 已知，权值 $w(x_i) = \sum_{u=1}^{m}\delta(b(x_i)-u)\sqrt{\frac{q_u}{\hat{p}_u(y_i)}}$，最大化相似度即最大化 $\sum_{u=1}^{m}\hat{p}_u(y_{i+1})w(x_i) = C_h\sum_{i=1}^{n}k\left(\frac{||y_{i+1}-x_i||^2}{h^2}\right)w(x_i)$，此式即为目标中心为 $y_{i+1}$ 处搜索窗概率密度估计。算法实现中，采用 Epanechnikov 核函数，Meanshift 向量公式如(5-2) 所列，使 $y_{i+1}$ 可以朝概率密度的梯度方向移动，通过不断迭代不断计算质心。

$$M_h(x) = \frac{\sum_{i=1}^{n}G\left(\frac{x_i - x}{h}\right)w(x_i)x_i}{\sum_{i=1}^{n}G\left(\frac{x_i - x}{h}\right)w(x_i)} - x \tag{5-2}$$

移动的过程中，步长与该点的梯度和概率密度有关，概率密度大的地方，Meanshift 移动的步长要小，因为此位置接近概率密度的峰值；概率密度小的地方，步长移动要大一些，最终收敛于该点附近的峰值。

### 5.1.2 Meanshift 算法收敛性证明

如果核函数 $K(x)$有一个凸的、单调递增的剖面函数，用$\{y_j\}$，$j=1,2,$

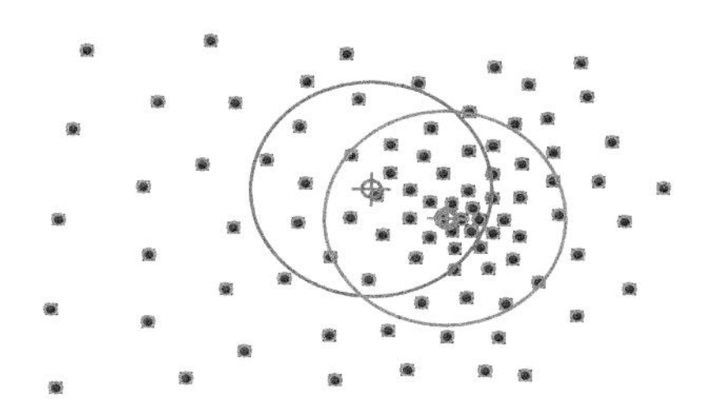

图 5-1 Meanshift 收敛示意图

…表示 Mean Shift 算法中移动点的轨迹：

$$y_{j+1}=\frac{\sum_{i=1}^{n}G\left(\frac{x_i-y_j}{h}\right)w(x_i)x_i}{\sum_{i=1}^{n}G\left(\frac{x_i-y_j}{h}\right)w(x_i)},\quad j=1,2,\cdots \tag{5-3}$$

和 $y_j$ 对应的概率密度函数估计 $\hat{f}(y_j)$ 用下式表示：

$$\hat{f}_K(y_j)=\frac{\sum_{i=1}^{n}K\left(\frac{x_i-y_j}{h}\right)w(x_i)}{h^d\sum_{i=1}^{n}w(x_i)} \tag{5-4}$$

下面证明序列$\{y_j\}$和$\{\hat{f}(y_j)\}$的收敛性。

窗口中像素个数 $n$ 是有限的，且核函数 $K(x)\leqslant K(0)$，所以$\{\hat{f}(y_j)\}$有界，要证明$\{\hat{f}(y_j)\}$严格递增，即要证明对所有 $j=1,2,\cdots$，若 $y_{j+1}\neq y_j$，那么 $\hat{f}(y_j)<\hat{f}(y_{j+1})$。

假设 $y_j=0$，得到

$$\hat{f}(y_{j+1})-\hat{f}(y_j)=\frac{1}{h^d\sum_{i=1}^{n}w(x_i)}\sum_{i=1}^{n}\left[k\left(\left\|\frac{x_i-y_{j+1}}{h}\right\|^2\right)-k\left(\left\|\frac{x_i-y_j}{h}\right\|^2\right)\right]w(x_i) \tag{5-5}$$

剖面函数 $k(x)$是凸性函数，因此对所有 $x_1,x_2\in[0,\infty)$并且 $x_1\neq x_2$，有

$$k(x_2)\geqslant k(x_1)+k'(x)(x_2-x_1) \tag{5-6}$$

$g(x)=-k'(x)$，式(5-6)改为

$$k(x_2)-k(x_1)\geqslant g(x)(x_1-x_2) \tag{5-7}$$

将式(5-5)和式(5-7)结合

$$\begin{aligned}
&\hat{f}(y_{j+1})-\hat{f}(y_j)\\
\geqslant&\frac{1}{h^{d+2}\sum_{i=1}^{n}w(x_i)}\sum_{i=1}^{n}g\left(\left\|\frac{x_i-y_{j+1}}{h}\right\|^2\right)\left[\|x_i\|^2-\|y_{j+1}-x_i\|^2\right]w(x_i)\\
=&\frac{1}{h^{d+2}\sum_{i=1}^{n}w(x_i)}\sum_{i=1}^{n}g\left(\left\|\frac{x_i-y_{j+1}}{h}\right\|^2\right)\left[2y_{j+1}^{T}x_i-\|y_{j+1}\|^2\right]w(x_i)\\
=&\frac{1}{h^{d+2}\sum_{i=1}^{n}w(x_i)}\left[2y_{j+1}^{T}\sum_{i=1}^{n}x_i g\left(\left\|\frac{x_i}{h}\right\|^2\right)w(x_i)-\|y_{j+1}\|^2\sum_{i=1}^{n}g\left(\left\|\frac{x_i}{h}\right\|^2\right)w(x_i)\right]
\end{aligned} \tag{5-8}$$

由式(5-3) 可得

$$\hat{f}(y_{j+1})-\hat{f}(y_j)\geqslant\frac{1}{h^{d+2}\sum_{i=1}^{n}w(x_i)}\|y_{j+1}\|^2\sum_{i=1}^{n}g\left(\left\|\frac{x_i}{h}\right\|^2\right) \tag{5-9}$$

$k(x)$ 剖面函数单调递减,因此$\sum_{i=1}^{n}g\left(\left\|\frac{x_i}{h}\right\|^2\right)>0$,所以只要 $y_{j+1}\neq y_j=0$,上式右项就严格大于0,$\hat{f}(y_{j+1})>\hat{f}(y_j)$。以上证明表明,$\{\hat{f}(y_j)\}$序列收敛。

接着,证明$\{y_j\}$序列的收敛性。对于 $y_j\neq 0$,式(5-9) 可以写成

$$\hat{f}(y_{j+1})-\hat{f}(y_j)\geqslant\frac{1}{h^{d+2}\sum_{i=1}^{n}w(x_i)}\|y_{j+1}-y_j\|^2\sum_{i=1}^{n}g\left(\left\|\frac{x_i-y_j}{h}\right\|^2\right) \tag{5-10}$$

用 $j,j+1,\cdots,j+m-1$ 对上式两边分别求和,用$M$表示$\{y_j\}$所有求和项$\sum_{i=1}^{n}g\left(\left\|\frac{x_i-y_j}{h}\right\|^2\right)$的最小值。得到

$$\begin{aligned}
&\hat{f}(y_{j+m})-\hat{f}(y_j)\\
\geqslant&\frac{1}{h^{d+2}\sum_{i=1}^{n}w(x_i)}\|y_{j+m}-y_{j+m-1}\|^2\sum_{i=1}^{n}g\left(\left\|\frac{x_i-y_{j+m-1}}{h}\right\|^2\right)+\cdots
\end{aligned}$$

$$
\begin{aligned}
&+\frac{1}{h^{d+2}\sum_{i=1}^{n}w(x_i)}\|y_{j+1}-y_j\|^2\sum_{i=1}^{n}g\left(\left\|\frac{x_i-y_j}{h}\right\|^2\right)\\
&\geqslant\frac{1}{h^{d+2}\sum_{i=1}^{n}w(x_i)}[\|y_{j+m}-y_{j+m-1}\|^2+\ldots+\|y_j-y_{j-1}\|^2]M\\
&\geqslant\frac{1}{h^{d+2}\sum_{i=1}^{n}w(x_i)}\|y_{j+m}-y_j\|^2M
\end{aligned}
\tag{5-11}
$$

由于上文已经证明$\{\hat{f}(y_j)\}$收敛，是一个 Cauchy 序列，因此式(5-11)可以表明$\{y_j\}$也是 Cauchy 序列，也收敛。

### 5.1.3 核带宽更新与旋转

由于 Meanshift 本身不能在跟踪过程中自适应更新核带宽及方向，因此不少学者对核带宽的更新问题进行了研究。

(1) 核函数带宽的更新

跟踪过程中搜索窗的大小可以用核函数带宽的大小表示，带宽大，参与迭代计算的样本区域大，带宽小，参与计算的样本区域就小。当带宽过大时，当目标附近干扰物和目标特征相近时，易收敛于干扰物体。带宽过小时，易导致搜索窗在具有近似特征的真实区域内部随机游动。只有使核窗宽和目标大小相吻合，跟踪效果才理想。Comaniciu 通过三次搜索，选择 Bhattacharyya 系数最大的设为核带宽，当目标变化尺度限制在 0.9～1.1 范围内搜索效果较好，但对于目标形态在限制范围外的情况跟踪易陷入局部区域。Collins 利用图像多尺度理论设置核带宽，但因计算复杂，实时性较差。有学者通过建立区域似然度，用边界力更新核带宽取得了较好的效果，描述如下。

构造区域似然度 $\lambda$，设搜索窗 $W$ 附近区域为 $R$，特征用$\{T_u\}$表示，

$$
T_u=\frac{1}{n_R}\sum_{j=1}^{n_R}\delta(b(y_j^*)-u),y_j^*\in R \tag{5-12}
$$

似然度

$$\begin{aligned}\lambda &= \sum_{u=1}^{m} q_u \cdot T_u \\ &= \sum_{u=1}^{m} \left\{ \left[ C \sum_{i=1}^{n} k(\| x_i \|^2) \delta(b(x_i) - u) \right] \cdot \left[ \frac{1}{n_R} \sum_{j=1}^{n_R} \delta(b(y_j^*) - u) \right] \right\} \\ &= \frac{C}{n_R} \sum_{i=1}^{n} \sum_{j=1}^{n_R} \left\{ k(\| x_i \|_2) \left[ \sum_{u=1}^{m} \delta(b(x_i) - u) \cdot \delta(b(y_j^*) - u) \right] \right\} \end{aligned} \tag{5-13}$$

由于 $b(x_i) \in [1,2,\cdots u]$，$b(y_j^*) \in [1,2,\cdots u]$，所以

$$\begin{aligned}\lambda &= \frac{C}{n_R} \sum_{i=1}^{n} \sum_{j=1}^{n_R} (\{ k(\| x_i \|^2 \cdot \delta(b(x_i) - b(y_j^*)) \} \\ &= \frac{C}{n_R} \sum_{j=1}^{n_R} \left\{ \sum_{i=1}^{n} k(\| x_i \|^2 \cdot \delta(b(x_i) - b(y_j^*)) \right\} \end{aligned} \tag{5-14}$$

$\lambda$ 用连续形式描述为

$$\begin{aligned}\lambda &= \iint_{\sigma \in W} k(\| x \|^2 \cdot \delta(b(x) - b(y_j^*)) \mathrm{d}\sigma \\ &= \iint_{b(x) = b(y_j^*)} k(\| x \|^2) \mathrm{d}\sigma = k(\| \hat{x} \|^2) s(b(y_j^*)) \end{aligned} \tag{5-15}$$

$s(b(y_j^*)$ 表示和 $y_j^*$ 点的模式相同点集的面积，$s(b(y_j^*)$ 的值随着 $y_j^*$ 靠近搜索窗的中心而增大。$\hat{x}$ 在 $y_j^*$ 的邻域中，是 $s(b(y_j^*))$ 内的点

$$\lambda = \frac{C}{n_R} \sum_{j=1}^{n_R} k(\| \hat{x} \|^2) s(b(y_j^*)) \tag{5-16}$$

$k(\|x\|^2)$ 是单调非增核函数，随着距离搜索窗口距离的不断增大，边界区域似然度会不断减小。当边界区域 $R$ 接近 $W$ 时，单调性更显著。但 $R$ 不能过大，否则进行运算的点的数量会增加，实验中一般取 $R=0.1W$。

基于连续两帧中目标自身和跟踪目标边界区域的特征分布似然度基本一致的特点，提出自适应的基于边界力的核带宽更新算法：在 $i$ 和 $i+1$ 帧，分别在搜索窗和跟踪窗的边界处选定 $k$ 个点 $\{b^1, b^2, \cdots, b^k\}$，$\{b^{1'}, b^{2'}, \cdots, b^{k'}\}$，将 $k$ 个点为中心，选择区域 $\{R^1, R^2, \cdots, R^k\}$ 和 $\{R^{1'}, R^{2'}, \cdots, R^{k'}\}$，然后计算区域中各点的特征分布。设 $b^l$ 对应的区域 $R^l$ 的特征分布为 $t^l$，

$$t_u^l = \frac{1}{n_{R^l}} \sum_{i=l}^{n_{R^l}} (\delta b(x_i^*) - u), x_i^* \in R^l, t_u^{l'} = \frac{1}{n_{R^{l'}}} \sum_{i=l}^{n_{R^{l'}}} (\delta b(x_i^*) - u), x_i^* \in R^{l'} \tag{5-17}$$

$n_{R^l}$，$n_{R^{l'}}$ 表示区域 $R^l$，$R^{l'}$ 中点的个数。计算边界区域的似然度 $\lambda^l = \sum_{u=1}^{m} t_u^l \cdot q_u$，$\lambda^{l'} = \sum_{u=1}^{m} t_u^{l'} \cdot q_u$，令边界力 $F = \lambda - \lambda'$，当 $F$ 为正的时候，表示边界力指向目标的中心位置，当 $F$ 为负的时候，表示边界力方向朝目标边界指向。将 $b^{l'}$ 向边界方向移动，直到边界力小于某个阈值 ε。

以下是分别使用无窗宽更新的 Meanshift 算法、文献搜索方法和本书算法进行跟踪比较。素材取自公共视频库 http://www. filewatcher. com/b/ftp/ftp. cs. rdg. ac. uk /pub/PETS2001. 0. 0. html 中 PetsD1TeC2. avi 视频片段，图像大小为 384×288 像素。对于 RGB 模式，为了提高跟踪速度，本书对其进行量化，量化后的模式空间为 24×24×24 以降低计算复杂度。

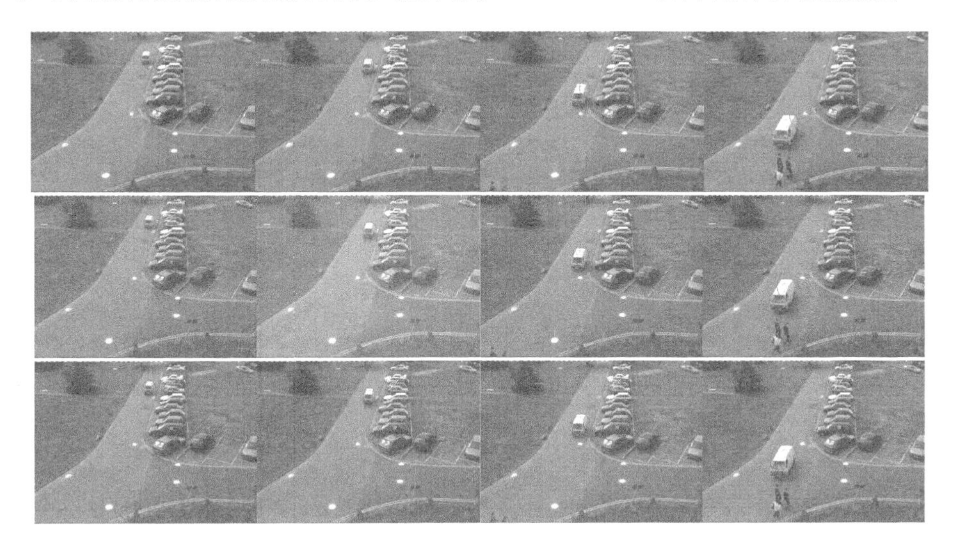

图 5-2　固定带宽、文献搜索方法和改进算法比较

图 5-2 显示了截取的小段视频的 10、40、109 和 195 帧，可见，在第一行，Meanshift 固定核带宽跟踪时，当目标尺寸变化时，无法准确找到目标

中心，从而造成偏离。第二行采用的是文献搜索方法，当目标尺寸变化缓慢时，跟踪效果较好，但随着目标运动速度加快，不能很好调整窗宽，也可能造成跟踪偏离。第三行文本算法实现时，选择4个边界点，每个边界区域为 $0.3h_x \times 0.3h_y$，$\varepsilon=0.008$。由于每次迭代都通过边界力移动调整边界点，对其进行拟合跟踪，跟踪较准确。

(2) 对旋转目标跟踪

原跟踪算法中，由于直方图不受旋转的影响，即使目标转动，只要像素在跟踪窗内，均能得到较好的跟踪效果。但在实际应用中，被跟踪目标形态各异，而原跟踪算法只有在目标为圆形的时候才能使全部目标像素点被跟踪窗覆盖，无法跟踪旋转的目标，跟踪窗内背景像素的加入可导致直方图变化较大，使跟踪失败。因此需要使跟踪算法对目标旋转具有良好的鲁棒性。

根据前文局部不变特征提取方法，可以通过关键点邻域像素的梯度方向分布特征，利用图像梯度对目标旋转进行跟踪。

将[0,2π]平均分成 $l$ 个角度，令 $\theta_u$ 为像素梯度离散幅值，其中 $u=1,2,\cdots l$，梯度直方图为 $H(\theta_u)_{u=1,2,\cdots l}$，$\hat{p}_u(\theta)$ 和 $\hat{q}_u$ 分别表示候选目标和目标的梯度密度分布，$c$ 和 $c_p$ 为归一化系数。基于Kernel的加权直方图构造如下：

$$\hat{q}_u = cH(\theta_u)k\left(\frac{||\theta_u||^2}{\pi^2}\right)$$

$$\hat{p}_u(\theta) = c_p H(\theta_u)k\left(\frac{||\theta-\theta_u||^2}{\pi^2}\right) \tag{5-18}$$

$$c = 1/\sum_{u=1}^{l} k\left(\frac{||\theta_u||^2}{\pi^2}\right), c_p = 1/\sum_{u=1}^{l} k\left(\frac{||\theta-\theta_u||^2}{\pi^2}\right)$$

使用Bhattacharyya系数描述候选目标和目标之间的相似度：

$$\rho(\hat{p}(\theta),\hat{q}) = \sum_{u=1}^{n} \sqrt{\hat{p}_u(\theta)\hat{q}_u} \tag{5-19}$$

设前一帧运动目标位置角度为 $\theta_0$，那么当前帧候选目标的梯度特征分布为 $\{p_u(\theta_0)\}_{u=1,2,l}$，将 $\rho(\hat{p}(\theta),\hat{q})$ 相似度函数在当前帧预测位置 $\theta_0$ 附近进行泰勒展开，得到 $\rho(\hat{p}(\theta),\hat{q})$ 一阶线性近似：

$$\rho(\hat{p}(\theta),\hat{q}) \approx \frac{1}{2}\sum_{u=1}^{l}\sqrt{\hat{p}_u(\theta_0)\hat{q}_u} + \frac{1}{2}\sum_{u=1}^{l} w_u k\left(\frac{\|\theta-\theta_u\|^2}{\pi^2}\right)$$

$$= \frac{1}{2}\sum_{u=1}^{l}\sqrt{\hat{p}_u(\theta_0)\hat{q}_u} + \frac{1}{2}\sum_{u=1}^{l}\sqrt{\frac{\hat{q}_u}{\hat{p}_u(\theta_0)}}\, k\left(\frac{\|\theta-\theta_u\|^2}{\pi^2}\right) \tag{5-20}$$

上式中第一项是常数，第二项相当于在当前帧位置进行梯度概率密度估计，最小化距离可以转化为最大化第二项。通过寻找邻域内密度估计最大值使偏转角度向新位置迭代移动，过程如下：

$$\hat{\theta}_{i+1} = \sum_{u=1}^{l}\theta_u g\left(\frac{\|\hat{\theta}_i-\theta_u\|^2}{\pi^2}\right) \Big/ \sum_{u=1}^{l} g\left(\frac{\|\hat{\theta}_i-\theta_u\|^2}{\pi^2}\right), i = 1,2,\cdots \tag{5-21}$$

通过 tsD1TeC1. avi 视频进行验证。

图 5-3　目标旋转跟踪实验

图 5-3 为视频 1，41，98 和 132 帧，可见，在黑色轿车右转弯的过程中有较大幅度的旋转，由于 Meanshift 本身无旋转功能，因此在轿车旋转过程中跟踪框无法覆盖整个轿车的像素点，使背景干预过多，导致最后算法在颜色近似的地方收敛，跟踪失败。而第二行利用像素梯度改进的方法可以随着目标自动旋转，跟踪准确。

## 5.2 CAMshift 跟踪算法

CAMshift(continuously adaptive meanshift)连续自适应均值漂移算法将 Meanshift 算法扩展到视频图像序列，主要思想是将视频图像中所有的帧都作 Meanshift 运算，通过上一帧搜索窗的中心和大小作为初始值，迭代搜索，定位当前帧中目标中心位置，实现目标跟踪。

### 5.2.1 颜色概率分布

为了减少光照影响，Camshift 算法通常选择 HSV 颜色模型作为跟踪特征。令搜索窗宽为 $h$，中心为 $y$，窗内像素为$\{x_i, i=1,2,\cdots n\}$，颜色特征分为 $m$ 级，$C_h$ 为归一化系数，$\delta$ 为值域在[0,1]的脉冲函数，$q_u$ 为颜色概率分布，则归一化直方图为：

$$q_u(y) = C_h \sum_{i=1}^{n} \delta[b(x_i) - u], u = 1,2,\cdots,m \tag{5-22}$$

其中 $\sum_{u=1}^{m} q_u = 1$。通过核函数对颜色概率密度分布进行估计：

$$\hat{f}_k(x) = \frac{1}{n \cdot h^2} \sum_{i=1}^{n} k\left( \left\| \frac{y - x_i}{h} \right\|^2 \right)$$

$$\hat{p}_u(y) = C_h \sum_{i=1}^{n} k\left( \left\| \frac{y - x_i}{h} \right\|^2 \right) \delta(b(x_i) - u) \tag{5-23}$$

### 5.2.2 Camshift 算法过程描述

Step1 设定搜索区域，初始化搜索窗初始位置$(x_c, y_c)$和大小 $s$。

Step2 以$(x_c, y_c)$为中心，在搜索窗变长 1.1 倍处计算区域内颜色概率分布。

Step3 执行 Meanshift 算法，获得新的搜索窗的大小和位置作为下帧初始位置。

Step4 在下帧图像中用 Step3 中的值重新初始化搜索窗位置及大小，转 Step2 继续执行直至收敛。

可以通过搜索窗二阶矩和像素值 $I(x,y)$ 估计被跟踪目标的大小和方向角。二阶矩表示：

$$M_{20}=\sum_{x}\sum_{y}x^2I(x,y)\quad M_{02}=\sum_{x}\sum_{y}y^2I(x,y)\quad M_{11}=\sum_{x}\sum_{y}xyI(x,y) \tag{5-24}$$

令

$$a=\frac{M_{20}}{M_{00}}-x_0^2\quad b=\frac{M_{11}}{M_{00}}-x_0y_0\quad c=\frac{M_{02}}{M_{00}}-y_0^2 \tag{5-25}$$

目标长短轴和方向角分别为：

$$l=\sqrt{(a+c)+\sqrt{b^2+(a-c)^2}/2}$$

$$w=\sqrt{(a+c)-\sqrt{b^2+(a-c)^2}/2}$$

$$\theta=\frac{\arctan(b/(a-c))}{2} \tag{5-26}$$

以上步骤看出，Camshift 算法不断自适应目标变化，通过迭代计算搜索窗质心，估计方向和尺度实现实时跟踪。由于运动目标的单特征模型在跟踪过程中提供的信息量较少，没有描述出全部的外观特征，当目标外观改变时，易跟踪丢失，因此需要多特征来描述目标信息。

## 5.3 纹理模型

Camshift 算法有较好的抗变形和部分遮挡的能力，且时间复杂度低，背景简单的环境中跟踪效果较好。但对于复杂环境，遇到目标颜色相近的情况时易被干扰，如煤矿井下环境中矿工衣服和背景相近时很难根据颜色进行运动目标跟踪，因此仅通过颜色特征进行跟踪对于煤矿井下噪声大、分辨率低、光照不均的复杂环境是不适合的，忽略了空间分布特性。纹理特征对于目标来说比较稳定，一般情况不会受背景颜色或光照的干扰，因此本书通过在Camshift算法中融合纹理特征可解决颜色相近的问题。常见的小波纹理模型、灰度共生矩阵纹理模型虽然可以获得纹理基元分布方式的信息，但由于其不基于点样本估计，很难和颜色等其他特征相融。

### 5.3.1 局部二值模式

局部二值模式LBP(local binary pattern)纹理模型是一种非参数化的基于点样本估计的模型，且具有计算简单、旋转和尺度不变性的特点。ZHANG利用灰度图像中背景纹理和阴影区域纹理的相似性采用LBP表征纹理较好地实现了视频图像分割。XU将LBP局部纹理信息结合颜色信息表示背景，提出新的背景减除算法。但由于其对噪声敏感无法直接将此模型用于煤矿环境。Tan和Bill于2007年在提出局部三值模式LTP(local temary patterns)纹理模型，克服了原模型对噪声敏感的确定，在人脸识别中有较好的应用效果。

本书在对LBP纹理分析的基础上采用改进的局部三值模式进行特征提取，将其和颜色模型融合作为目标特征进行检测跟踪。

LBP基本模式对每个像素点周围八邻域或四邻域像素亮度求差值，通过阈值判断，获取8位2进制码表征局部纹理。$P=4$或8。模式表达如下：

$$LBP_{P,R}(x_c,y_c)=\sum_{p=0}^{P-1}s(g_p-g_c)2^p,\ s(g_p-g_c)=\begin{cases}1 & \text{if}\,|g_p-g_c|>T\\0 & \text{if}\,|g_p-g_c|\leqslant T\end{cases} \tag{5-27}$$

LBP扩展模式使用圆形邻域内插计算像素值，用于描述具有不同半径圆形邻域图像的纹理，表示为$LBP_{P,R}$，表示在像素周围圆形邻域上以$R$为半径取$P$个点。中心点右边的像素点与中心像素点阈值判定后的值作为编码的最低位。为了具有旋转不变特性，将$LBP_{P,R}$表示为$LBP_{P,R}^{ri}$(LBP rotation invariance)。$LBP_{P,R}^{ri}=\min\{ROR(LBP_{P,R},p)\mid p=0,1,2,\cdots P-$

1}，$ROR(LBP_{P,R}, p)$ 表示对 $LBP_{P,R}$ 按位右移 $i$ 位。如图 5-4 是 $LBP_{P,R}$ 扩展纹理例子，图 5-4(a) 中，$P$ 取 8，$R$ 取 1，右图中 $P$ 取 12，$R$ 取 1.5。

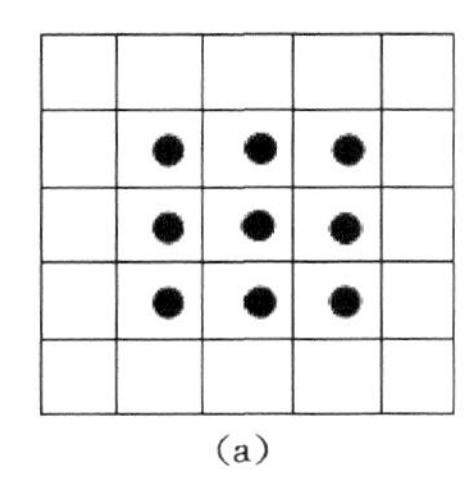
(a)

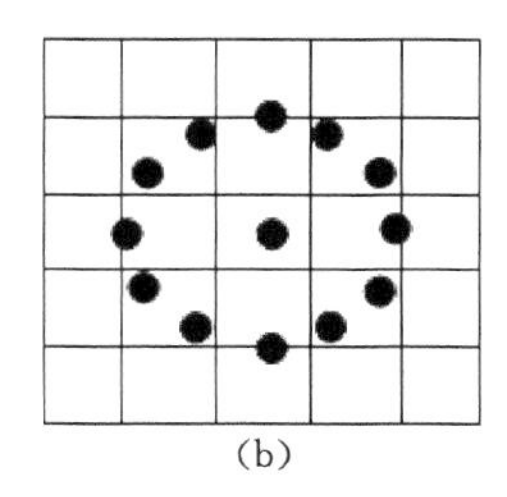
(b)

图 5-4　$LBP_{P,R}$ 扩展纹理

LBP 统一模式 $LBP_{P,R}^{riu2}$(uniform patters) 是 $LBP_{P,R}^{ri}$ 的进一步扩展，即最多有 2 个 0 位到 1 位或 1 位到 0 位的跳变的 $LBP_{P,R}^{ri}$，在 LBP 模式中最为重要，图像的边缘、角点结构信息都用其表示，具有较好的分类性和纹理描述性，统计特性更可靠。$LBP_{P,R}^{riu2}$ 可以将 $LBP_{P,R}^{ri}$ 描述的圆周对称分布的 36 种纹理简化为 9 种模式，该模式中，模式 0,1 表示噪声点，模式 3,5 表示角点，模式 7,8 表示暗点，模式 2,6 表示线段，模式 4 表示边界。位值 1 用白点表示，位值 0 用黑点表示。中间数字 0 — 8 表示编码，9 种模式通过下式算出。

$$LBP_{P,R}^{riu2} = \begin{cases} \sum_{p=0}^{P-1} s(g_p - g_c) & \text{if } U(LBP_{P,R}) \leqslant 2 \\ P+1 & \text{if } U(LBP_{P,R}) > 2 \end{cases} \tag{5-28}$$

$$U(LBP_{P,R}) = | s(g_{p-1} - g_c) - s(g_0 - g_c) | + \sum_{p=1}^{P-1} | s(g_p - g_c) - s(g_{p-1} - g_c) |$$

LBP 算子通过像素和邻域像素的差确定编码方式，抗光照变化能力较强，在灰度范围内具有单调不变特性，可以较好地描述中心像素点和邻域点的亮度特征分布情况。但是由于 LBP 模式对噪声敏感无法直接将此模型用于煤矿环境。

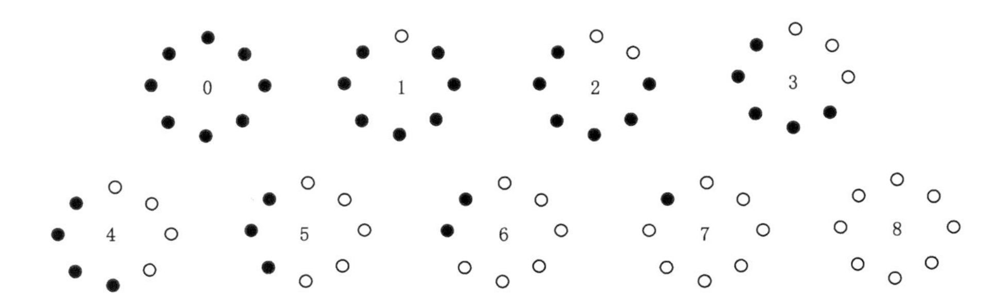


图 5-5 $LBP$ 纹理 $LBP_{P,R}^{riu2}$ 模式

### 5.3.2 局部三值模式

Tan 和 Bill 于 2007 年提出局部三值模式 LTP(local ternary patterns)纹理模型,克服了原模型对噪声敏感的确定。本书在对 LBP 纹理分析的基础上扩展成局部三值编码方式进行特征提取,将其作为被融合的目标特征之一检测跟踪目标,这样做加强了特征空间分类能力。阈值函数如下:

$$s'(u,p_c,t)=\begin{cases}1 & u\geqslant p_c+t\\0 & |u-p_c|<t\\-1 & u\leqslant p_c-t\end{cases} \tag{5-29}$$

局部三值模式将中心像素点邻域宽度 $\pm t$ 内的像素量化为 0,大于宽度的像素量化为 1,小于宽度的像素量化为 $-1$,$t$ 是由用户定义的阈值噪声门限。$s'(u,p_c,t)$ 即为 $s(u)$ 变换后的三值模式。该变换利用噪声门限和模式的对称特性,增强抗噪能力有效滤除噪声,编码公式如下:

$$LTP_{P,R}(x_c,y_c)=\sum_{p=0}^{P-1}s(u)3^p \tag{5-30}$$

例如,$t$ 为 3,中心像素点为 25,0 值的像素范围为[25$-$3,25$+$3]。LTP 算子计算过程如下:

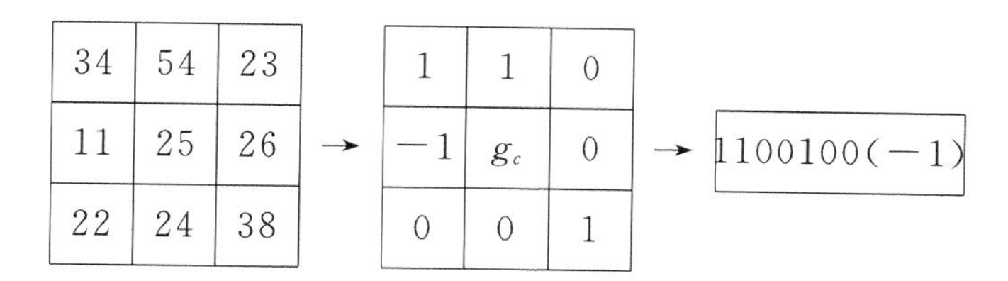


为了简化计算，将 LTP 编码进行分解成两部分：ULBP(Upper LBP)正值计算和 LLBP(Lower LBP)负值计算部分。

$$s_{\text{upper}}(x_c,y_c)=\begin{cases}1, s'(x_c,y_c)=1\\0, s'(x_c,y_c)\neq 1\end{cases},\quad s_{\text{lower}}(x_c,y_c)=\begin{cases}1, s'(x_c,y_c)=-1\\0, s'(x_c,y_c)\neq 1\end{cases} \tag{5-31}$$

如下所示：LTP 编码 1100100(−1)分解为：ULBP 编码 11001000 和 LLBP 编码 00000001。

$$\begin{array}{|c|c|c|}\hline 1 & 1 & 0\\\hline -1 & g_c & 0\\\hline 0 & 0 & 1\\\hline\end{array} = \begin{array}{|c|c|c|}\hline 1 & 1 & 0\\\hline 0 & g_c & 0\\\hline 0 & 0 & 1\\\hline\end{array} + \begin{array}{|c|c|c|}\hline 0 & 0 & 0\\\hline 1 & g_c & 0\\\hline 0 & 0 & 0\\\hline\end{array}$$

将 LTP 模式构成的纹理特征建立直方图，在增强了纹理信息的同时，解决了 LBP 二值模式抗噪能力差的问题。实验结果如图 5-6 所示。

图 5-6 中四行分别是 LBP 和 LTP 纹理模型在井下照度高、照度低、模糊和噪声 4 种井下复杂环境中矿工图像 LBP 和 LTP 纹理表示。可见照度变化和模糊对于两种模型影响不大，LBP 对噪声干扰敏感，效果较差，LTP 算法有良好的抗噪能力。

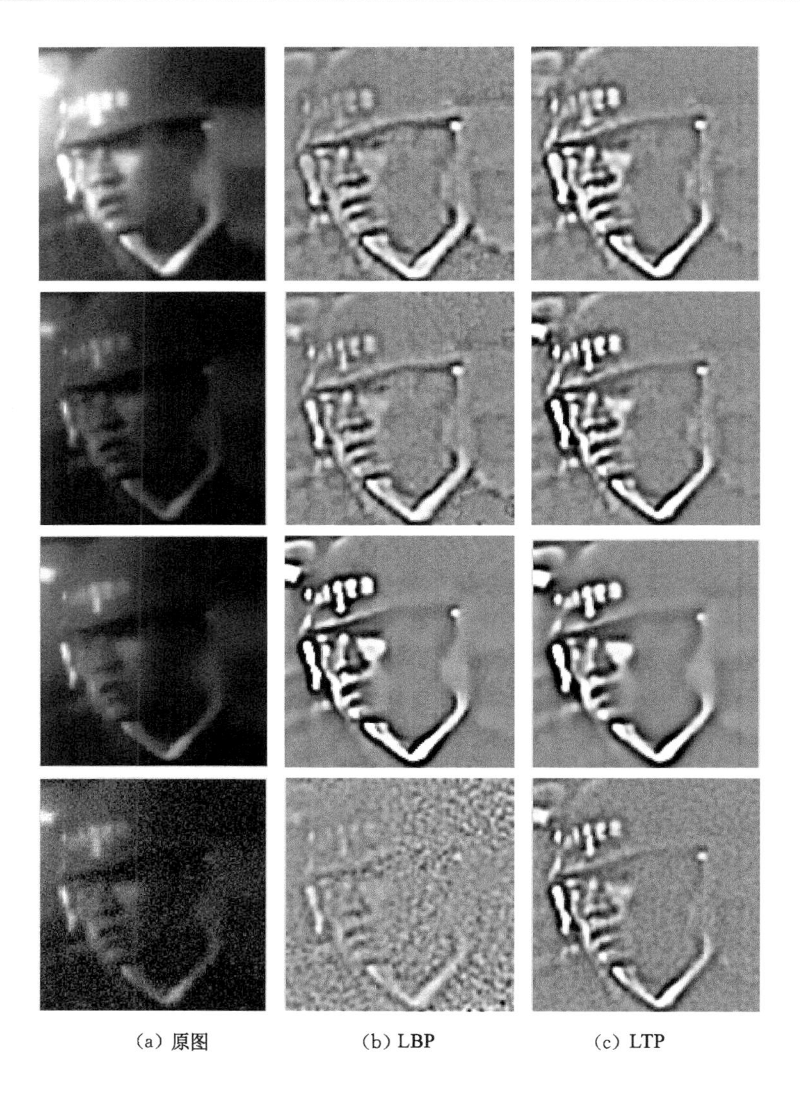

(a) 原图　　(b) LBP　　(c) LTP

图 5-6　LBP 和 LTP 纹理模型

## 5.4　多特征模板建立及更新

为了用更多特征描述目标特征，以下提出多特征模板融合跟踪算法，并在不同的特征空间分别用直方图描述。本书模型不是在跟踪过程中从多个模型中选择一个，而是通过定义贡献度实施权重分配，将各模型设置不同的权值，融合跟踪，同时及时更新特征模板，保证跟踪的稳定性。选择的特征应尽可能区别目标和背景分布，为了减少计算量，在目标特征信息描述完备的前提下特征模型不能设置过多。

### 5.4.1 多特征模板的建立

设目标窗口像素集合为$\{x_1, x_2, \cdots, x_n\}$，特征种类为 $K$，特征向量为 $u_j, j=1,2,3\cdots K$，$\hat{p}_{u_j}(y)$是候选目标在第 $j$ 类特征空间的分布，$y$ 表示候选目标中心，$b_j(x_i)$为像素点和特征空间的映射关系，$u_j$ 为特征向量，$u_j=1,2,3\cdots m_j$，$m$ 为量化级别，$C_j$ 表示归一化常数。候选目标和目标模板的概率密度分布函数为：

$$\hat{p}_{u_j}(y) = C_j \sum_{i=1}^{n} k(\| \frac{y-x_i}{h} \|^2)\delta(b_j(x_i)-u_j) \ , \hat{q}_{u_j}(y)$$

$$= C_j \sum_{i=1}^{n} k(\| \frac{y-x_i}{h} \|^2)\delta(b_j(x_i)-u_j) \tag{5-32}$$

在多特征空间中，不能单独考虑某一类特征的影响，要综合各类特征，因此需要加权，将权重进行如下修改，其中 $\sum_{j=1}^{k} a_j = 1, a_1, \cdots, a_k$ 为权重系数。

$$w_i = \sum_{j=1}^{k} a_j \sum_{u_j=1}^{m_j} \delta(b_j(x_i)-u_j) \sqrt{\frac{\hat{q}_{u_j}}{\hat{p}_{u_j}(y_0)}} = a_1 w_i(u_1) + \cdots + a_k w_i(u_k) \tag{5-33}$$

多特征模板的提出减小了背景在多个空间的干扰力，避免某一特征空间由于加权而导致此空间干扰增大而影响到整个特征空间。环境不同，各特征权重系数应设置不同。目标的特征可以用颜色、纹理、边缘直方图等来描述，因此通过比较目标和背景在不同的特征中的直方图来对各特征系数 $a_j$ 取值。

令目标区域为 $A$，背景区域为 $B$，$C$ 表示整个区域，直方图分别用 $a_{u_j}$，$b_{u_j}$，$c_{u_j}$ 表示，设特征 $j$ 的贡献度为 $M_j$，则

$$M_j = \frac{\sum_{u_j=1}^{m_j} MIN(a_{u_j}, c_{u_j}) - \sum_{u_j=1}^{m_j} MIN(a_{u_j}, b_{u_j})}{\sum_{u_j=1}^{m_j} MIN(a_{u_j}, c_{u_j})} \tag{5-34}$$

$\sum_{u_j=1}^{m_j} MIN(a_{u_j}, c_{u_j})$ 表示前景和整个区域在特征空间 $j$ 的直方图相交的结果，$\sum_{u_j=1}^{m_j} MIN(a_{u_j}, b_{u_j})$ 表示前景和背景在特征空间 $j$ 的直方图相交的结果。$M_j$ 的值小，表明特征空间 $j$ 中，前景和背景的区分能力较弱，权值系数 $a_j$ 应小，否则，有较高的区分能力，$a_j$ 应较大。将特征贡献度进行归一化处理即可得到特征权值。

$$a_j = \frac{M_j}{M_1 + M_2 + M_3 + \cdots + M_K}, j = 1,2,3,\cdots K, \sum_{j=1}^{k} a_j = 1 \tag{5-35}$$

如图 5-7 所示，背景颜色和目标颜色接近时，在亮度不同的条件下，RGB 图像、灰度图像、Sobel 边缘检测、HSV 颜色和纹理描述如下：

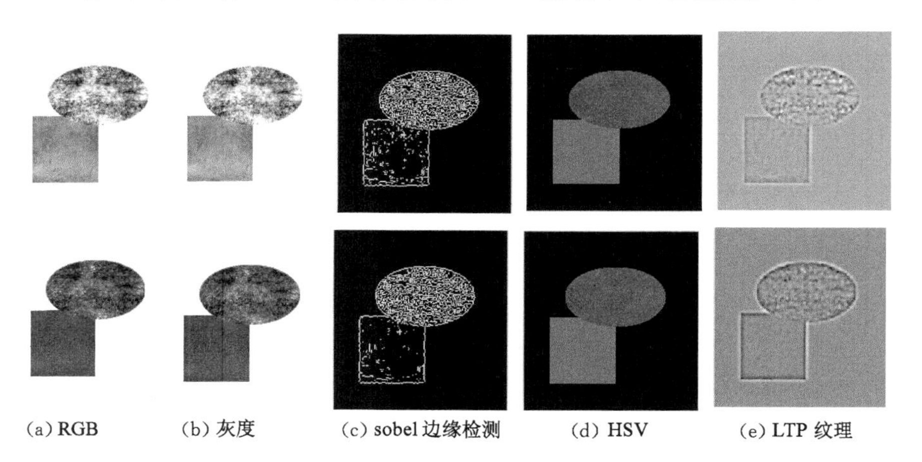

(a) RGB　(b) 灰度　(c) sobel 边缘检测　(d) HSV　(e) LTP 纹理

图 5-7　亮度不同条件各特征描述

可见，对于照度不均的环境，边缘检测算子、纹理和 HSV 颜色模型受到的影响较小，适合作为跟踪特征。

### 5.4.2 模板更新

Camshift 算法中，基于核直方图建模匹配有较快的匹配速度且实时性较强，若目标识别模型在初始时选定后跟踪过程中不进行更新，当目标形态、光照变化，或遇到严重干扰时，颜色、边缘或纹理特征就会因模型偏差使目标跟踪失败。

井下环境特殊，物体在运动过程中背景环境经常变化，为了保证跟踪的稳定性，本书引入模型更新策略，增强适用性，每次迭代的时候更新特征权重值。当前常用的模板更新方法是把目标模板作为一个整体更新，然而并不是所有向量都需要更新，每种分量在更新的过程中对总体特征的影响都不同，本书将特征向量量化成 $m$ 级直方图，在连续两帧之间按照如下方法更新模板。令特征分量匹配度函数为 $f(u)=\sqrt{\hat{p}_u\hat{q}_u}/\sum_{u=1}^{m}\hat{p}_u\hat{q}_u$，按照各个分量的匹配度，由小到大排序，若 $\sum_{u=1}^{m}\hat{p}_u\hat{q}_u$ 值非常小，则说明本次跟踪结果受干扰较大，不对模型更新，若 $\sum_{u=1}^{m}\hat{p}_u\hat{q}_u>0.8$，则通过下式按一定比例加权更新匹配度小于 $0.5\times\sum_{u=1}^{m}\hat{p}_u\hat{q}_u$ 的较小的 $n$ 个子特征分量，在当前结果和历史结果之间加权折中使特征模型更新时对环境变化不过于敏感。

$$\hat{q}_u(t)=C_q(\alpha p_u(t)+(1-\alpha)\hat{q}_u(t-1)) \tag{5-36}$$

### 5.4.3 时间复杂度分析

对于时间复杂度，由于 HSV 颜色空间直方图直接描述图像冗余度大，而非颜色特征如边缘、纹理也有较好识别能力，因此可以降低其量化级别，将 HSV 颜色空间量化成 16×4×4 种颜色表示后加入特征空间。边缘特征含有大量重要信息，可以检出图像局部特征的不连续性，体现周围像素灰度是否有阶跃变化，为了降低计算开销，本书将边缘直方图量化成12份。对于局部三值模式纹理特征仅采用9类模式，且对不同特征空间分别统计直方图，耗时很少，多特征空间对每个空间的向量需要更新权重虽增加开销，但只需更新匹配度较小的$n$个子特征分量。虽然总体来说本书算法计算复杂度稍高于原算法，但HSV颜色模型融合LTP纹理和边缘特征可以更准确地跟踪运动目标，实验表明已满足煤矿视频监控实时性要求。

### 5.4.4 实验分析

为了验证算法的有效性，本书对不同环境视频跟踪结果进行比较。图5-8(a)中左右两列对公共视频库PetsD1TeC1.avi中运动目标分别用Camshift和本书多特征自适应模板更新算法跟踪，截取10、79、104、150帧。图(b)是桃园煤矿变电所的一段高噪声低照度视频，截取1、172、128、153、158帧。煤矿井下实验数据采集自淮北桃园矿监控视频，使用带云台转动KBA6矿用本安型网络摄像仪(25帧/s)和KJF37矿用本安型网络视频服务器。

由图5-8可见，Camshift算法以HSV颜色空间在室外背景简单环境进行跟踪，用该算法用本书算法跟踪效果均良好，差异不大。但对于井下复杂环境，Camshift算法容易收敛于HSV颜色相近的地方导致跟踪失败，在128、153帧，对矿工跟踪过程中，由于后面矿工紧跟其身后，构成较大干扰，在158帧可以看出目标明显偏移，转向了后面矿工继续跟踪。本书由于融合了纹理、边缘和HSV颜色多特征空间，在一种特征被干扰时，其他特征增加权重自适应更新模板，仍可以较好跟踪目标。图5-9是对图5-8井下视频前50帧进行的耗时统计。

图5-9中，星花表示原算法，加号表示本书算法，水平线表示不同算法的平均值，本书算法虽复杂度高于原算法，但跟踪准确，且实时性已满足煤炭视频监控的要求。图5-10左右两列分别是对调度站副井上口视频中用模板不更新和更新两种算法进行的比较，视频截取15、38、85、90、96帧。

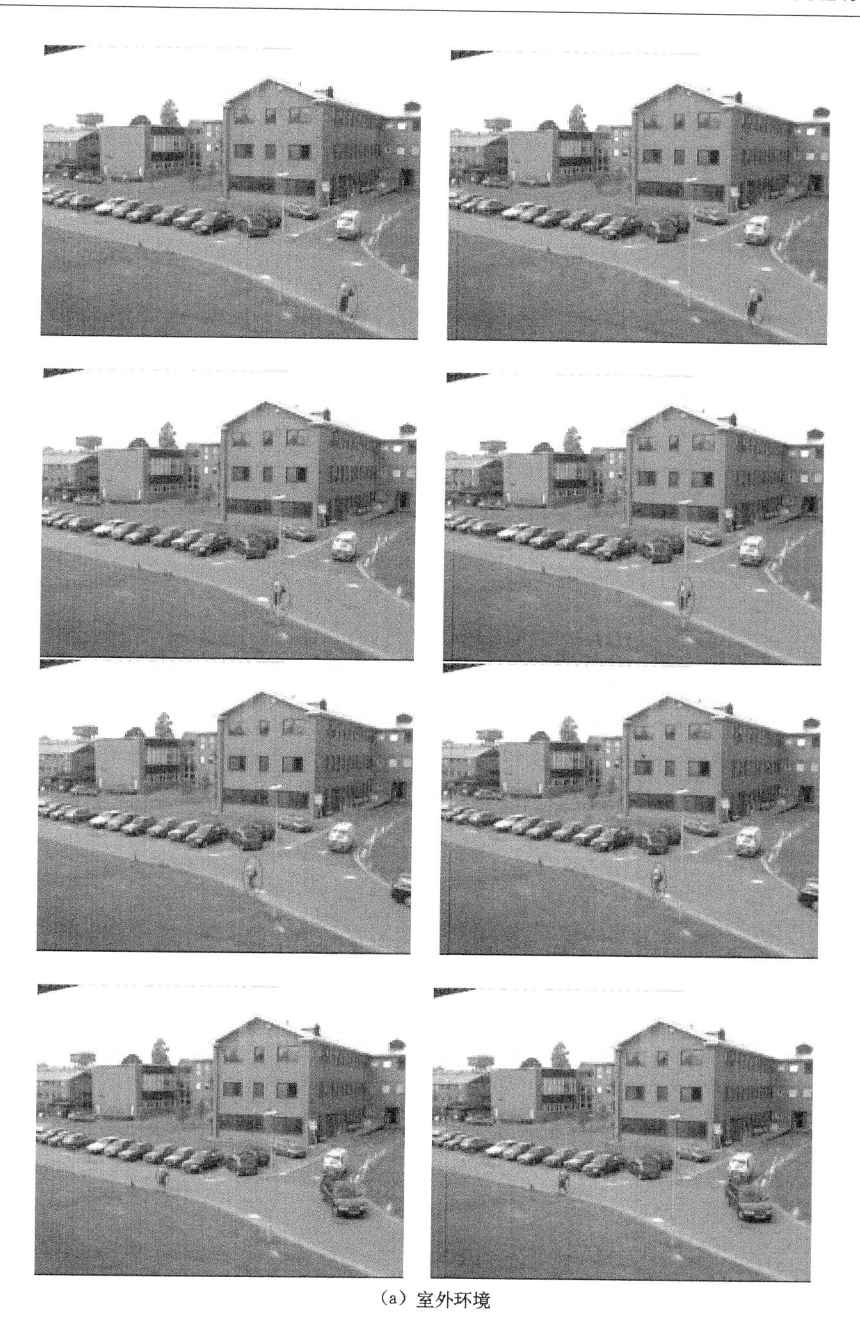

(a) 室外环境

图 5-8 不同环境 Camshift 和本书算法跟踪比较

(b) 井下环境

图 5-8(续)

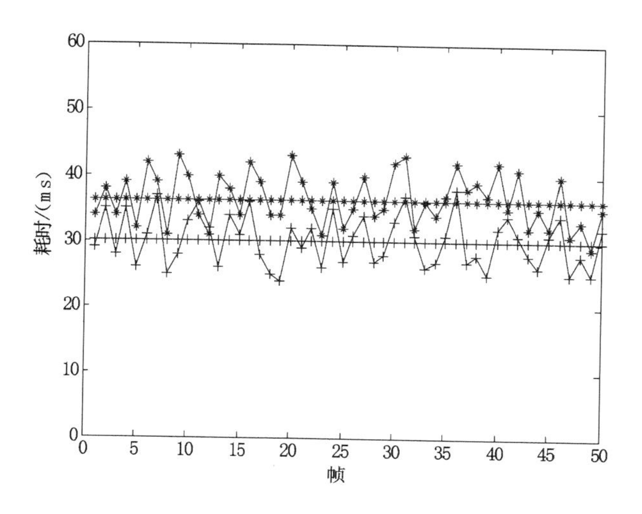


图 5-9 变电所跟踪耗时统计

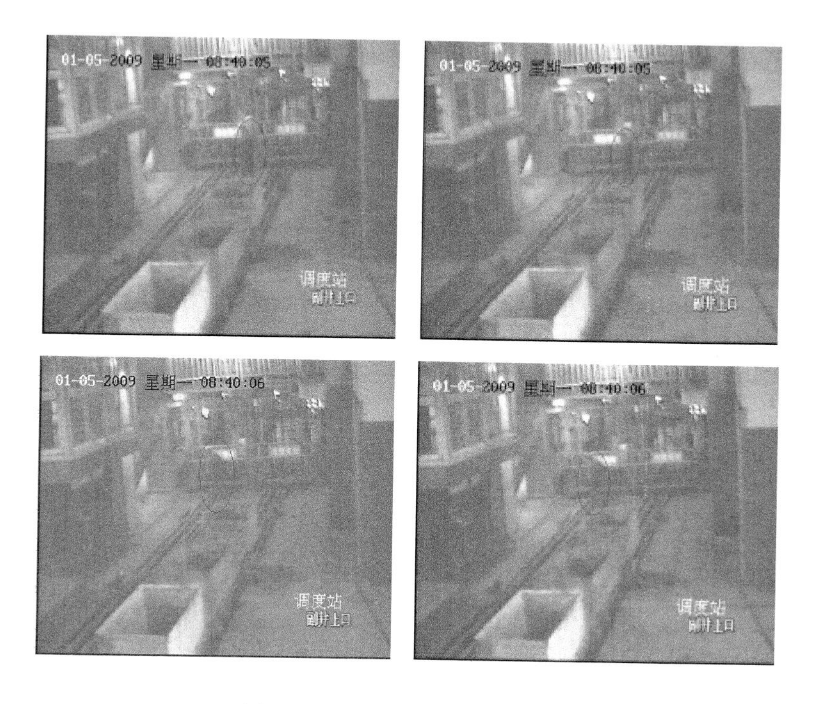


图 5-10 变电所模板更新比较

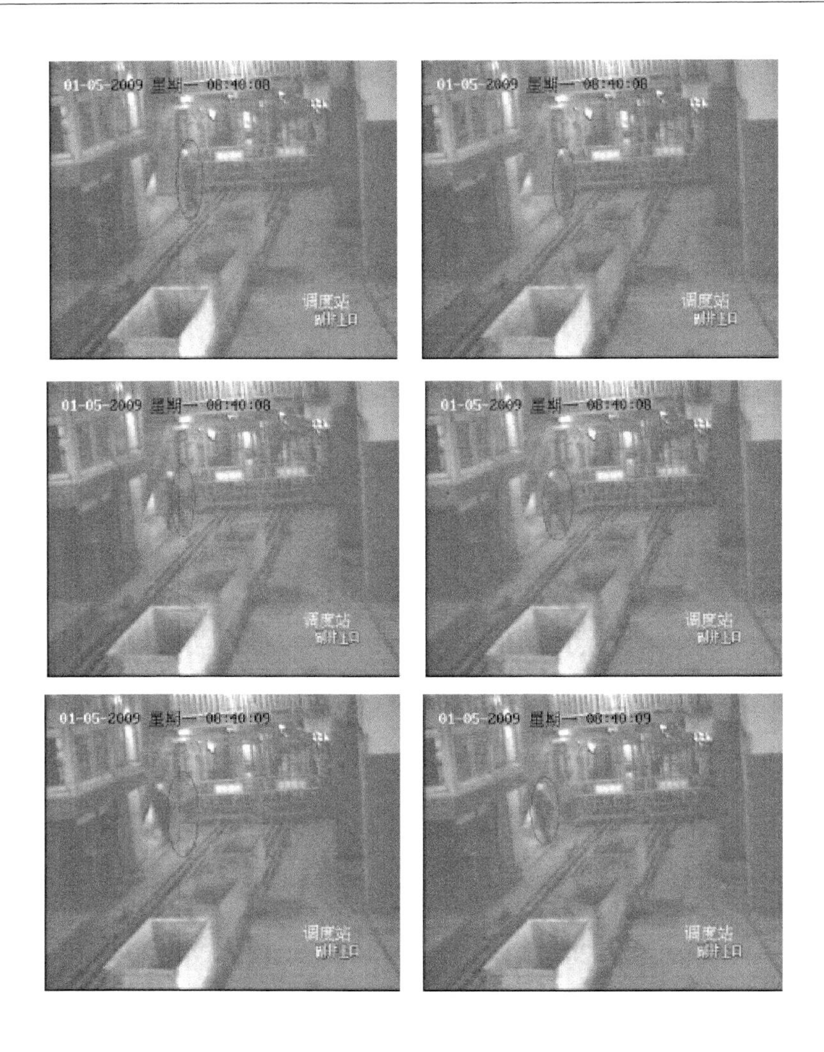


图 5-10(续)

第 1 列是不更新模板,各特征贡献度在开始选定目标时就固定,因此在运动过程中很容易被假目标吸引,90 帧中,由于不更新模板,对背景构成较大干扰,96 帧目标偏移。在第 2 列使用本书算法,由于该算法能及时自适应更新模板,环境变化时各特征的贡献度也发生变化,因此增强了算法抗干扰的能力。图 5-11 显示了模板更新时前 50 帧不同特征的贡献程度。

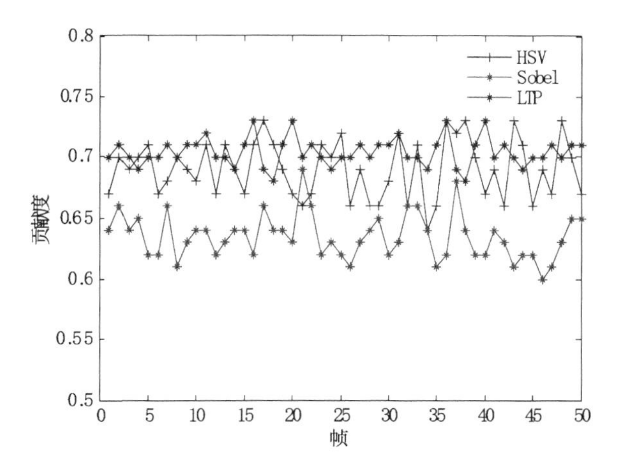


图 5-11 调度站特征贡献度

为了更好验证本书算法对光照不敏感，取中央泵房视频进行跟踪，图 5-12 显示了视频中 20、39、71、92 帧。

图 5-12 中央泵房目标跟踪

由图 5-12 可见,随着运动目标不断远去,光照不断增强,仍能精确跟踪运动目标。

为了验证本书算法在井下各个场景中跟踪目标的鲁棒性,在调度站、机头、变电所等不同场景截取 20 段视频,将每段视频作为一组,每组截取 100 段,通过不同方法对小段视频中井下刚性或非刚性运动目标进行跟踪,图像大小为 320×240,识别率如下图 5-13 所示。

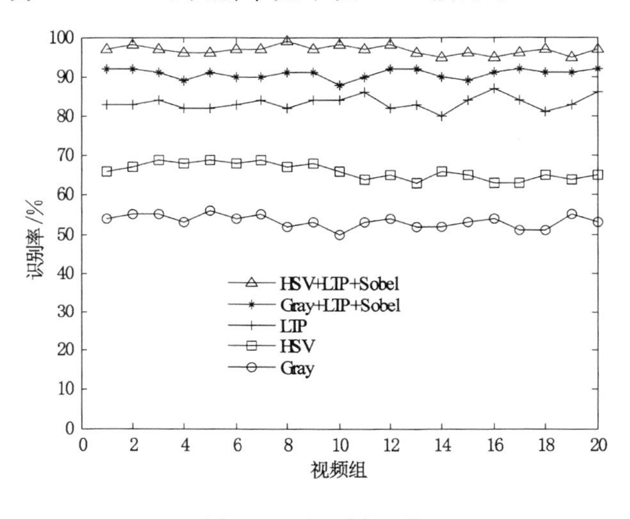


图 5-13 识别率比较

## 5.5 抗遮挡模型

现阶段,很多系统在跟踪运动目标时有较好的跟踪效果,但若发生运动目标被遮挡的情况时,致使跟踪窗丢失目标,易发生跟踪错误的情况。遮挡情况下的运动目标跟踪一直是困扰研究学者的一个难点问题。目前,主要通过两种方法处理遮挡问题:运动估计和特征匹配。有学者将两种方法融合,建立 Kalman 模型估计目标的运动方向,通过均值漂移跟踪,但此方法对于遮挡时间短的运动目标跟踪效果较好,但当遮挡时间过长即使目标再现或运动无规律时易跟踪失败。

本书处理遮挡问题时通过划分子区域提取各区域量化后的 HSV 等特征直方图信息作为子区域特征，便于遮挡时跟踪。系统需要实时估计目标在运动时是否有被遮挡的趋势，在没有被物体遮挡时，检测最近 8 帧运动目标，将划分子区域后的图像特征进行保存，只有及时调整目标子区域划分情况，才可以适应运动目标的形态变化。目标划分子区域后，不再具有旋转不变性，根据子区域直方图的变化可以判断目标的旋转变化情况，从而提高辨识目标的能力。在遮挡发生时，通过之前划分的子区域和搜索范围内的子区域进行匹配跟踪，被遮挡的子区域不进行跟踪，只用未被遮挡的子区域跟踪。结束遮挡后继续通过全局纹理和灰度特征进行跟踪。

若将全局特征进行匹配，一旦目标被遮挡，则会匹配失败，通过划分子区域方式对子区域进行匹配可以避免上述问题发生。在划分子区域时区域的大小不宜过小，否则计算量较大，同时也不宜过大，否则遮挡定位不准确，当遮挡发生时，剩下的区域越来越小，影响匹配精度。由于目标在运动过程中，自身形态大小可能会发生变化，因此不适合固定区域大小，而是根据目标实际形态自适应调节。本书根据目标面积大小将子区域划分为$(\mathrm{area}/10)^{\frac{1}{2}}\times(\mathrm{area}/10)^{\frac{1}{2}}$大小的子区域。根据各自纹理和灰度特性进行匹配。若子区域中目标像素比背景像素少，则丢弃该区域，因为目标在运动过程中，背景会发生变化，在跟踪过程中可能会判定为被遮挡区域，因此该区域不能代表目标特性，应丢弃。下图是子区域划分结果，为了避免背景干扰，对于边界子区域，背景像素过多时子区域予以删除。

遮挡开始判定：由于井下照度不均，本书选取前 $N$ 帧小区域的多特征信息分别和当前小区域的进行比较，防止单帧选择的偶然性。计算当前目标中第 $i$ 个子区域和前 $N$ 帧子区域中 Bhattacharya 系数值，设 $p_i$表示当前目标第 $i$ 个子区域模型，$q_i$表示第 $n$ 帧目标模型第 $i$ 个子区域，如果 $f=\min\rho(p_i,q_i)<T$，阈值取为 0.85，当符合上式的子区域个数$>=2$ 时，则认为该子区域发生遮挡。将区域标记为 0，否则标记为 1。若分类标记后子区域和周围大部分邻接子区域标记号不同，则更换此区域标号。根据以

图 5-14　子区域分割

上准则，在部分遮挡发生后依然可以搜索到运动目标，直到遮挡结束。对于保留的前 $N$ 帧图像在遮挡发生前需要进行模板更新，一旦遮挡发生，立即停止更新，当脱离遮挡区域之后继续更新基准图像。

遮挡结束判定：对于单个目标被遮挡的情况，当前目标和前 $N$ 个保存的目标直方图 Bhattacharya 系数小于阈值 0.18 时，则认为遮挡结束；在遮挡过程中有 $L$ 个运动物体且灰度相近时，容易将其他运动物体的部分区域作为目标区域，此时应分别提取多个物体的直方图，和目标物体遮挡前 $N$ 个直方图进行匹配，从 $L*N$ 个匹配结果中选择 Bhattacharya 系数最小值作为当前目标重新定向。若 Bhattacharya 系数小于阈值 0.18，则可判断遮挡结束。

对于完全遮挡情况则通过前 $N$ 帧目标中心位置预测下时刻目标中心位置完成跟踪。本书采用以下二次多项式预测方法。

设前 $N$ 帧中运动目标中心为 $\begin{bmatrix} x(t_k) \\ y(t_k) \end{bmatrix}$，其中 $k$ 表示帧数，$k=1,2\cdots N$，设第 $N+1$ 帧通过二次多项式估计的中心位置为

$$\begin{bmatrix} \hat{x}(t_{N+1}) \\ \hat{y}(t_{N+1}) \end{bmatrix} = \begin{bmatrix} a_0 & a_1 & a_2 \\ b_0 & b_1 & b_2 \end{bmatrix} \begin{bmatrix} 1 \\ t_{N+1} \\ t_{N+1}^2 \end{bmatrix} \tag{5-37}$$

利用前 $N$ 个点估计的方差为：

$$||\delta||_x^2 = \sum_{k=1}^{N}[x(t_k)-(a_0+a_1t_k+a_2t_k^2)]^2,\ ||\delta||_y^2 = \sum_{k=1}^{N}[y(t_k)-(b_0+b_1t_k+b_2t_k^2)]^2 \tag{5-38}$$

令 $Z=\begin{bmatrix} a_0 & a_1 & a_2 \\ b_0 & b_1 & b_2 \end{bmatrix}$，通过最小二乘法，使分别使上述式子方差最小，得到 $CZ=D$，那么 $Z=C^{-1}D$

$$C=\begin{bmatrix} N & \sum_{k=1}^{N}t_k & \sum_{k=1}^{N}t_k^2 \\ \sum_{k=1}^{N}t_k & \sum_{k=1}^{N}t_k^2 & \sum_{k=1}^{N}t_k^3 \\ \sum_{k=1}^{N}t_k^2 & \sum_{k=1}^{N}t_k^3 & \sum_{k=1}^{N}t_k^4 \end{bmatrix},\ |C|\neq 0 \quad D=\begin{bmatrix} \sum_{k=1}^{N}x(t_k) & \sum_{k=1}^{N}y(t_k) \\ \sum_{k=1}^{N}x(t_k)t_k & \sum_{k=1}^{N}y(t_k)t_k \\ \sum_{k=1}^{N}x(t_k)t_k^2 & \sum_{k=1}^{N}y(t_k)t_k^2 \end{bmatrix} \tag{5-39}$$

即可求得最佳平方估计 $\begin{bmatrix} \hat{x}(t_{N+1}) \\ \hat{y}(t_{N+1}) \end{bmatrix}$。

遮挡检测判断流程如图 5-15 所示。

以下分别对完全和部分遮挡两种情况进行实验。图 5-16 中左图对黑衣行人进行跟踪，右图对蓝色汽车倒车运动进行跟踪。

图 5-16 左边一列为分段后视频的 5、17、35、72 和 85 帧，在目标行走的过程中，进入完全遮挡状态后仍可以通过上文方法根据前 N 帧很好地预测中心位置，保证目标不丢失，在目标脱离遮挡后，即可根据全局特征继续跟踪。右边一列显示了视频的 10、29、46、58 和 91 帧，汽车在运动过程中发生部分遮挡时的跟踪状况。本书算法用划分小区域的方法提取局部目标特征，较好地解决了遮挡时误跟踪的问题，方法简单，实现容易，对于外形没有较大变化的目标有良好的适应性。

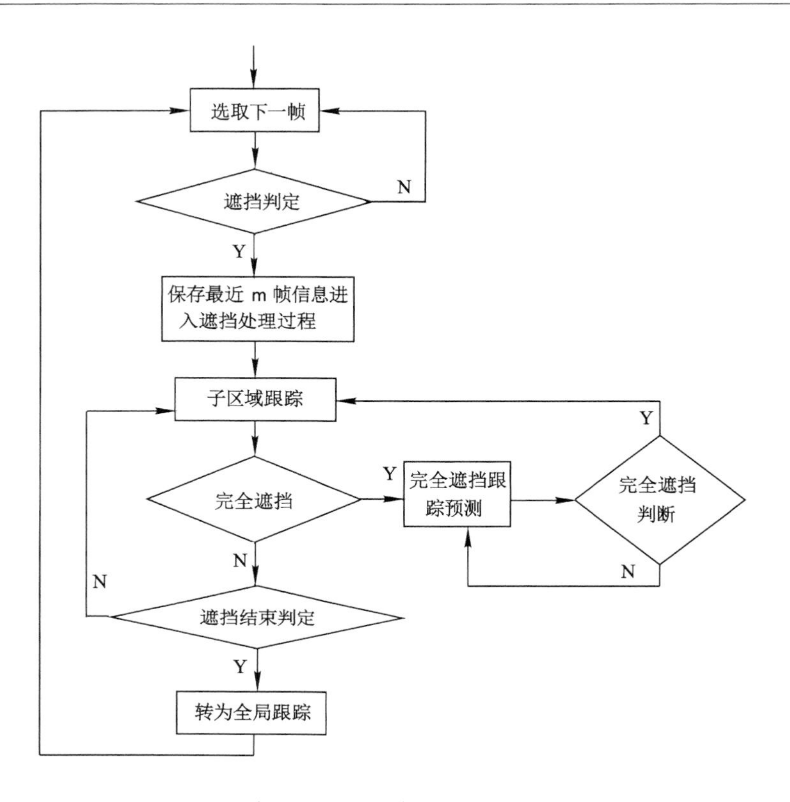


图 5-15　遮挡检测判断流程

图 5-16　基于小区域的目标遮挡跟踪

图 5-16(续)

## 5.6 本章小结

Canshift 算法根据颜色直方图作为目标特征跟踪易于计算，且对平移缩放变化相对不变，但井下环境照度不均，环境复杂，为了适应煤炭行业井下目标跟踪的需要，本书提出的多特征融合的自适应模板更新算法，当一种特征对于目标和背景区分不明显时，其他的特征可以区分，以弥补不足。算法融合了颜色、纹理和边缘特征，通过各特征贡献度不同设置相应权值在多特征空间上进行计算，当遇到光照不同、运动目标形变、和背景颜色相似等问题时自适应更新特征权值以较好地应对。每个特征在更新时不对所有分量更新，而是根据匹配函数，选择性的更新匹配度差的分量，节省了计算开销。算法避免了在复杂环境跟踪中，随着场景的转移、目标状态改变导致跟踪结果逐渐偏离真实目标，跟踪结构进一步恶化的可能性，在煤矿井下实时监控中有良好的应用前景。

# 6 结 论

本章对本书的工作进行总结,并对研究工作进行了展望。

## 6.1 本书研究成果

本书将目前常用的视频图像处理方法应用于对煤矿特殊环境效果并不理想,影响了后期高层次的目标分类和行为理解的处理,因此,视频监控中如何对底层视觉模块中有效分割目标、跟踪目标,消除环境噪声、照度变化、形态变化的影响是问题的关键,本书主要针对以上问题进行了研究和实验。主要工作介绍如下:

① 煤矿场景不同于一般场景,通过对基于 Curvelet 的去噪算法改进,提出结合 Wrapping 和 Cycle Spinning 的 WCSCurvelet 的新算法,降低了伪 Gibbs 现象,较好地保留了图像的细节和纹理,改善了目标图像的信噪比。提出适合煤矿井下特殊环境的危险区域目标检测算法,算法基于 SIFT 多尺度变换,用改进的 K-d 树进行特征点匹配搜索,提高搜索效率,并将统计分析中样本主成分分析引入 SIFT 特征向量降维中,使系统的实时性得到提高。RANSAC 算法和 L-M 非线性优化算法结合估计优化参数,提高了匹配精度。实验证明,新算法对煤矿井下模糊、低照度、遮挡、旋转、高噪声和尺度变化等情况均具有良好鲁棒性,解决多摄像机不同视角目标匹配问题,适合实时处理的监控系统中井下危险区域目标检测。

② 针对煤矿井下噪声大、光照不均等复杂环境传统拼接算法并不适用的问题,本书提出新的拼接算法,增大视野范围,有助于大场景中目标检测和跟踪。算法采用拼接帧抽取方式提取部分关键帧进行拼接,根据

相位相关冲激函数能量实现图像快速粗匹配，高效检测重叠区域，对乱序帧排序，并结合提升小波进行多分辨率融合实现无缝拼接。理论分析和实验表明本书算法提高了匹配效率，拼接效果平滑自然，对噪声、光线变化、模糊等现象有较好鲁棒性。

③ 针对Snake模型寻优过程中抗噪能力差、不能向凹处收敛等问题，提出适合煤矿井下复杂环境的目标轮廓检测新算法。算法对Snake模型进行改进，使其自动分配蛇点，具有拓扑自适应性，并将粗收敛结果作为粒子群算法的初始轮廓。同时针对粒子群优化过程中易丧失群体多样性和易收敛于局部极值的问题结合遗传算法中育种和变异思想改进，能淘汰适应度低的粒子并能增加相邻粒子间约束，通过自适应惯性权重非线性调整方法提高收敛精度。实验中将单峰、多峰测试函数和图像仿真与传统方法进行对比，证实了改进算法的有效性。针对大煤块堵煤仓问题，通过结合GAC和C-V模型的水平集算法能有效实现煤块分割，相比其他模型分割准确，有更好的抗噪、抗光照不均的能力。

④ Camshift算法计算量小，实时性高，广泛应用于目标跟踪领域。由于仅依靠颜色模型，直接将Camshift算法应用于照度不均、噪声大的煤炭井下环境时极易丢失目标。为此，笔者提出融合多特征的自适应模板更新算法。新算法在Camshift算法基础上，融合纹理、边缘等特征，通过建立特征模板，各特征根据贡献度合理分配权重，在环境变化时自适应更新模板。通过划分子区域提取各区域量化后特征直方图信息作为子区域特征，建立遮挡时目标跟踪模型。实验将Camshift算法和新算法在不同环境中进行对比，证实了改进的算法在跟踪过程中，特征之间互补不足，抗干扰能力强，跟踪准确。

## 6.2 今后的工作

智能视频监控是视频监控技术发展的必然趋势，也是复杂而具有挑战性的研究课题。由于井下环境噪声大、照度不均、分辨率低等问题的存在，严重影响了智能监控技术在煤矿的应用。本书研究了基于煤矿环境的智能视觉监控中的基本问题，包括运动目标特征检测、匹配和跟踪，提出了想法及建议，并取得一定的进展。但目前目标检测及跟踪技术仍在不断发展阶段，由于作者研究时间和水平有限，今后仍要在以下方面做进一步深入研究。

① 由于相机在获取图像时镜头可能存在不同程度切向畸变和径向畸变的非线性因素的干扰，会对特征点匹配造成较大影响。当视频场景中出现较大运动物体时，如何避免其造成的影响，得到背景全景，从而恢复无运动目标的图像序列，仍有待进一步研究。

② 本书所讨论的拼接算法中近似认为相机参数相同，采用透视变换模型，此外对于更复杂的模型如非刚性变换模型等需要继续探讨。

③ 本书对于一般的运动目标检测跟踪效果较好，但对于快速运动目标的检测、跟踪和多目标分割后的跟踪问题尚待解决。

④ 本书研究的都是底层视觉任务，对于目标分类、行为识别和理解的高级视觉任务尚未研究。如何根据检测出的目标种类的不同分成不同类别的物体，如何对运动目标的行为模式进行分析、并解释视觉信息，实现行为学习也是智能视觉监控领域中重要的研究方向。

# 参考文献


[1] 孟琭，杨旭. 目标跟踪算法综述[J]. 自动化学报，2019，45(7)：1244-1260.

[2] 冯平. 复杂场景下单目标的视觉跟踪算法研究[D]. 武汉：华中科技大学，2018.

[3] FAN Y F，ZHAO Z D. Adaptive correlation filtering algorithm for video target tracking based on multi feature fusion[C]//2019 Eleventh International Conference on Advanced Computational Intelligence (ICACI). June 7-9，2019，Guilin，China. IEEE，2019：7-12.

[4] 曾钰廷. 基于深度学习的物体检测与跟踪方法的研究[D]. 抚州：东华理工大学，2018.

[5] 王国坤. 复杂背景下基于深度学习的单目标跟踪算法研究[D]. 合肥：中国科学技术大学，2018.

[6] ZHANG N N，WU C X，WU Y，et al. An improved target tracking algorithm and its application in intelligent video surveillance system[J]. Multimedia Tools and Applications，2020，79(23/24)：15965-15983.

[7] GEMEREK J，FERRARI S，WANG B H，et al. Video-guided camera control for target tracking and following[J]. IFAC-PapersOnLine，2019，51(34)：176-183.

[8] ZHANG Y Z，CHEN P，HONG H Y，et al. The research of image segmentation methods for interested area extraction in image matching guidance[C]//Proc SPIE 11429，MIPPR 2019：Automatic Target Recognition and Navigation，2020，1142：114290R.

[9] GUAN S F, LI X F. WITHDRAWN: Moving target tracking algorithm and trajectory generation based on Kalman filter in sports video[J]. Journal of Visual Communication and Image Representation, 2019:102693.

[10] MONDAL A. Fuzzy energy based active contour model for multi-region image segmentation[J]. Multimedia Tools and Applications, 2020, 79 (1/2):1535-1554.

[11] LI H, GONG M G, LIU J. A local statistical fuzzy active contour model for change detection[J]. IEEE Geoscience and Remote Sensing Letters, 2015, 12(3):582-586.

[12] JIANG D D, HUO L W, LI Y. Fine-granularity inference and estimations to network traffic for SDN[J]. PLoS One, 2018, 13(5):e0194302.

[13] JIANG D D, ZHANG P, LV Z, et al. Energy-efficient multi-constraint routing algorithm with load balancing for smart City applications[J]. IEEE Internet of Things Journal, 2016, 3(6):1437-1447.

[14] YU S, LU Y, MOLLOY D. A dynamic-shape-prior guided snake model with application in visually tracking dense cell populations[J]. IEEE Transactions on Image Processing, 2019, 28(3):1513-1527.

[15] DE JIANG D, LI W P, LV H. An energy-efficient cooperative multicast routing in multi-hop wireless networks for smart medical applications [J]. Neurocomputing, 2017, 220:160-169.

[16] REN H, SU Z B, LV C, et al. An improved algorithm for active contour extraction based on greedy snake [C]//2015 IEEE/ACIS 14th International Conference on Computer and Information Science (ICIS). June 28 - July 1, 2015, Las Vegas, NV, USA. IEEE, 2015:589-592.

[17] LI Y M, WANG Z Q. A medical image segmentation method based on hybrid active contour model with global and local features [J].

Concurrency and Computation: Practice and Experience, 2020, 32(19):e5763.

[18] WANG Y Q, JIANG D D, HUO L W, et al. A new traffic prediction algorithm to software defined networking[J]. Mobile Networks and Applications, 2021, 26(2):716-725.

[19] JIANG D D, WANG Y Q, LV Z, et al. An energy-efficient networking approach in cloud services for IIoT networks[J]. IEEE Journal on Selected Areas in Communications, 2020, 38(5):928-941.

[20] HUO L W, JIANG D D, LV Z, et al. An intelligent optimization-based traffic information acquirement approach to software-defined networking[J]. Computational Intelligence, 2020, 36(1):151-171.

[21] CAO J F, CHEN S G. Active contour model based on variable exponent p-Laplace equation for image segmentation[J]. Journal of Modern Optics, 2019, 66(7):726-738.

[22] MARIANO R, OSCAR D, WASHINGTON M, et al. Spatial Sampling for Image Segmentation[J]. Computer Journal, 2018(3):313-324.

[23] JIANG D D, WANG Y Q, LV Z, et al. Big data analysis based network behavior insight of cellular networks for industry 4.0 applications[J]. IEEE Transactions on Industrial Informatics, 2020, 16(2):1310-1320.

[24] HUO L W, JIANG D D, QI S, et al. An AI-based adaptive cognitive modeling and measurement method of network traffic for EIS[J]. Mobile Networks and Applications, 2021, 26(2):575-585.

[25] AVALOS G, GEREDELI P G. Exponential stability of a nondissipative, compressible flow-structure PDE model[J]. Journal of Evolution Equations, 2020, 20(1):1-38.

[26] XIA M T, GREENMAN C D, CHOU T. PDE models of adder mechanisms in cellular proliferation[J]. SIAM Journal on Applied

Mathematics,2020,80(3):1307-1335.

[27] KOLÁŘOVÁ E,BRANČÍK L. Noise influenced transmission line model via partial stochastic differential equations[C]//2019 42nd International Conference on Telecommunications and Signal Processing (TSP). July 1-3,2019,Budapest,Hungary. IEEE,2019:492-495.

[28] PELS A,GYSELINCK J,SABARIEGO R V,et al. Solving nonlinear circuits with pulsed excitation by multirate partial differential equations [J]. IEEE Transactions on Magnetics,2018,54(3):1-4.

[29] LI C M,HUANG R,DING Z H,et al. A level set method for image segmentation in the presence of intensity inhomogeneities with application to MRI[J]. IEEE Transactions on Image Processing,2011,20(7):2007-2016.

[30] JIANG D D,HUO L W,SONG H B. Rethinking behaviors and activities of base stations in mobile cellular networks based on big data analysis [J]. IEEE Transactions on Network Science and Engineering,2020,7(1):80-90.

[31] QI S,JIANG D D,HUO L W. A prediction approach to end-to-end traffic in space information networks [J]. Mobile Networks and Applications,2021,26(2):726-735.

[32] JIANG D D,WANG W J,SHI L,et al. A compressive sensing-based approach to end-to-end network traffic reconstruction [J]. IEEE Transactions on Network Science and Engineering, 2020, 7 (1): 507-519.

[33] JIANG D D,HUO L W,LV Z,et al. A joint multi-criteria utility-based network selection approach for vehicle-to-infrastructure networking[J]. IEEE Transactions on Intelligent Transportation Systems, 2018, 19 (10):3305-3319.

[34] WANG F, JIANG D D, QI S. An adaptive routing algorithm for integrated information networks[J]. China Communications, 2019, 16(7):195-206.

[35] LI D , TIAN JUN, XIAO L Q , et al. Target tracking method based on active contour models combined camshift algorithm [J]. Video Engineering,2015,39(19):101-104.

[36] LIU G Q, DONG Y F, DENG M, et al. Magnetostatic active contour model with classification method of sparse representation[J]. Journal of Electrical and Computer Engineering,2020,2020:1-10.

[37] ZHANG H Q, WANG G L, LI Y, et al. Faster R-CNN, fourth-order partial differential equation and global-local active contour model (FPDE-GLACM) for plaque segmentation in IV-OCT image[J]. Signal, Image and Video Processing,2020,14(3):509-517.

[38] ALI H, SHER A, SAEED M, et al. Active contour image segmentation model with de-hazing constraints[J]. IET Image Processing, 2020, 14(5):921-928.

[39] TAN H Q, JIANG H Y, DONG A S, et al. C-V level set based cell image segmentation using color filter and morphology [C]//2014 International Conference on Information Science, Electronics and Electrical Engineering. April 26-28, 2014, Sapporo, Japan. IEEE, 2014: 1073-1077.

[40] SONG Y, WU Y Q. A morphological approach to piecewise constant active contour model incorporated with the geodesic edge term [J]. Machine Vision and Applications, 2020, 31(4):1-25.

[41] SAROTTE C, MARZAT J, PIET-LAHANIER H, et al. Model-based active fault-tolerant control for a cryogenic combustion test bench[J]. Acta Astronautica, 2020, 177:457-477.

[42] LI KAI, ZHANG JIANHUA, HAN SHUQING, et al. Target extraction of cotton disease leaf images based on improved c-v model[J]. Journal of China Agricultural University,2019.

[43] LAKRA M, KUMAR S. A CNN-based computational algorithm for nonlinear image diffusion problem [J]. Multimedia Tools and Applications,2020,79(33/34):23887-23908.

[44] 李乐平,高杨.一种高准确率的交通监控视频车辆检测算法[J].计算机测量与控制,2015,23(3):852-854.

[45] 张克军,窦建君.基于小波方向波变换和灰度共生矩阵的纹理图像检索[J].徐州工程学院学报(自然科学版),2016,31(4):65-69.

[46] DAI J, LI Y, HE K, et al. R-FCN: Object detection via region-based fully convolutional networks [C]//Advances in neural information processing systems,2016: 379-387.

[47] LIU W, ANGUELOV D, ERHAN D, et al. SSD: single shot MultiBox detector [M]//Computer Vision – ECCV 2016. Cham: Springer International Publishing,2016:21-37.

[48] SHAMSI KOSHKI A, ZEKRI M, AHMADZADEH M R, et al. Extending contour level set model for multi-class image segmentation with Application to Breast Thermography Images[J]. Infrared Physics & Technology,2020,105:103174.

[49] CHAKRAVARTY D, PRADHAN D. A level set approach for segmentation of intensity inhomogeneous image based on region decomposition[J]. SN Computer Science,2020,1(5):1-12.

[50] ZOU L, SONG L T, WEISE T, et al. A survey on regional level set image segmentation models based on the energy functional similarity measure[J]. Neurocomputing,2021,452:606-622.

[51] LENG Z Y, LU Y, LIANG X H. Small components parsing VIA multi-

feature fusion network[C]//2020 IEEE International Conference on Multimedia and Expo (ICME). July 6-10, 2020, London, UK. IEEE, 2020:1-6.

[52] LEI Z Y, WANG Y, LI Z J, et al. Attention based multilayer feature fusion convolutional neural network for unsupervised monocular depth estimation[J]. Neurocomputing, 2021, 423:343-352.

[53] LI Z C, TIAN L, JIANG Q C, et al. Fault diagnostic method based on deep learning and multimodel feature fusion for complex industrial processes[J]. Industrial & Engineering Chemistry Research, 2020, 59(40):18061-18069.

[54] WANG M J, CHEN H J, LI Y F, et al. Multi-scale pedestrian detection based on self-attention and adaptively spatial feature fusion[J]. IET Intelligent Transport Systems, 2021, 15(6):837-849.

[55] GUO H, LIU J J, XIAO Z Y, et al. Deep CNN-based hyperspectral image classification using discriminative multiple spatial-spectral feature fusion[J]. Remote Sensing Letters, 2020, 11(9):827-836.

[56] QIAN Y F, JI R, DUAN Y P, et al. Multiple object tracking for occluded particles[J]. IEEE Access, 2020, 9:1524-1532.

[57] 刘晓. 基于CC-KCF的红外图像抗遮挡跟踪算法设计与实时实现[D]. 武汉:华中科技大学, 2017.

[58] LIU J, YE P, ZHANG X C, et al. Real-time long-term tracking with reliability assessment and object recovery[J]. IET Image Processing, 2021, 15(4):918-935.

[59] 吴水琴, 毛耀, 刘琼, 等. Tracking method for solving occlusion problem[J]. 液晶与显示, 2019, 034(002):188-193.

[60] FENG W, HAN R Z, GUO Q, et al. Dynamic saliency-aware regularization for correlation filter-based object tracking[J]. IEEE

Transactions on Image Processing, 2019, 28(7): 3232-3245.

[61] JI Z J, FENG K, QIAN Y H. Part-based visual tracking via structural support correlation filter[J]. Journal of Visual Communication and Image Representation, 2019, 64: 102602.

[62] LIU Y. Human motion image detection and tracking method based on Gaussian mixture model and CAMSHIFT [J]. Microprocessors and Microsystems, 2021, 82: 103843.

[63] SUN H P, WEN X L. Research on learning progress tracking of multimedia port user based on improved CamShift algorithm [J]. Multimedia Tools and Applications, 2019: 1-14.

[64] ZHAO E H, MA B L. Robust visual tracking control of a nonholonomic mobile robot with depth-based camshift [C]//2019 Chinese Control Conference (CCC). July 27-30, 2019. Guangzhou, China. IEEE, 2019.

[65] MA M H, HAN Z. Symmetric algorithm for direction tracking of dribble directional shooting[J]. Wireless Personal Communications, 2021: 1-16.

[66] NIU P P, WANG L, SHEN X, et al. Texture image segmentation using Vonn mixtures-based hidden Markov tree model and relative phase[J]. Multimedia Tools and Applications, 2020, 79(39/40): 29799-29824.

[67] XU J, HOU Y K, REN D W, et al. STAR: a structure and texture aware retinex model[J]. IEEE Transactions on Image Processing, 2020, 29: 5022-5037.

[68] WEI P C, ZOU Y. Image feature extraction and object recognition based on vision neural mechanism [J]. International Journal of Pattern Recognition and Artificial Intelligence, 2020, 34(6): 2054017.

[69] SAEED K, DATTA S, CHAKI N. A granular level feature extraction approach to construct HR image for forensic biometrics using small training DataSet[J]. IEEE Access, 2020, 8: 123556-123570.

[70] CHAVEZ-BADIOLA A, FARIAS ADOLFOF S, MENDIZABAL-RUIZ G, et al. Predicting pregnancy test results after embryo transfer by image feature extraction and analysis using machine learning [J]. Scientific Reports, 2020, 10: 4394.

[71] ZHANG Q, LI H G, LI M, et al. Feature extraction of face image based on LBP and 2-D Gabor wavelet transform[J]. Mathematical Biosciences and Engineering, 2019, 17(2): 1578-1592.

[72] WANG H J, GAO N, XIAO Y, et al. Image feature extraction based on improved FCN for UUV side-scan sonar [J]. Marine Geophysical Research, 2020, 41(4): 1-17.

[73] QIU Z B, ZHU X, SHI D Z, et al. Recognition of transmission line related bird species based on image feature extraction and support vector machine[C]//2020 IEEE International Conference on High Voltage Engineering and Application (ICHVE). September 6-10, 2020, Beijing, China. IEEE, 2020: 1-4.

[74] WANG Y M, WANG Z D. Image denoising method based on variable exponential fractional-integer-order total variation and tight frame sparse regularization[J]. IET Image Processing, 2021, 15(1): 101-114.

[75] SHEN C, WU X D, ZHAO D H, et al. Comprehensive heading error processing technique using image denoising and tilt-induced error compensation for polarization compass [J]. IEEE Access, 2020, 8: 187222-187231.

[76] ANILET BALA A, ARUNA PRIYA P, MAIK V. Retinal image enhancement using adaptive histogram equalization tuned with nonsimilar grouping curvelet [J]. International Journal of Imaging Systems and Technology, 2021, 31(2): 1050-1064.

[77] QIAO S Q, ZHANG Q S, ZHANG Q M. Mine fracturing monitoring

analysis based on high-precision distributed wireless microseismic acquisition station[J]. IEEE Access, 2019, 7: 147215-147223.

[78] CHINNUSAMY G S, SHANMUGASUNDARAM D. Genetic fuzzy optimized approximate multiplier design based non-linear anisotropic diffusion image denoising in VLSI[J]. Journal of Ambient Intelligence and Humanized Computing, 2021: 1-12.

[79] ZHANG L, MENG Q, YANG K. Recovery Technology of Mine Monitoring Image Based on Wiener Filtering[J]. Safety in Coal Mines, 2019.

[80] IBRAHIM R W. A new image denoising model utilizing the conformable fractional calculus for multiplicative noise[J]. SN Applied Sciences, 2019, 2(1): 1-11.

[81] LIU X P, LIU C, LIU X C. Underwater image enhancement with the low-rank nonnegative matrix factorization method[J]. International Journal of Pattern Recognition and Artificial Intelligence, 2021: 2154022.

[82] SELVA NIDHYANANDHAN S, SINDHUJA R, SELVA KUMARI R S. Double stage Gaussian filter for better underwater image enhancement [J]. Wireless Personal Communications, 2020, 114(4): 2909-2921.

[83] WANG H H, XIE M M, LI H T, et al. Monitoring ecosystem restoration of multiple surface coal mine sites in China via LANDSAT images using the Google Earth Engine[J]. Land Degradation & Development, 2021, 32(10): 2936-2950.

[84] SHUANG H U , WENHAO W U , LONG S , et al. Application of Distributed Scatterer in Deformation Monitoring of Hongqinghe Coal Mine[J]. Journal of Geodesy and Geodynamics, 2019.